U0583404

下　编
名　山　风　景

上编　园林述往

简述中国古典园林历史

　　中国古典园林是相对于中国现代园林而言，从公元前11世纪的奴隶社会一直持续发展到19世纪末叶封建社会行将解体，可谓历史悠久，源远流长。"古典"一词为借用西方文化学的用语，源出于拉丁文 *classicus*。它包含两层意义：第一，泛指古代或专指古代的某一时段的文化现象；第二，具有典范性或典创性的古代文化形态。

　　由于中国古代地理环境所造成的自然隔离状态以及封建的大一统思想、天朝意识、夷夏之别诸要素所导致的社会封闭机制，园林的发展呈现为在绝少外来影响情况下的长期持续不断的"演进"，随着时间的推移而实现其日益精密、细致的自我完善。这个漫长、缓慢的演进过程，正好相当于以汉民族为主体的大帝国从开始形成而转化为全盛，直到消亡的过程。因此，古典园林也必然是在古代中国的农业经济、集权统治、封建文化的历史大背景之下成长起来，历经兴盛、成熟，最终走向衰微的。

中国古典园林包含的内容极为丰富，可以归纳为许多类型。其主要类型有三：皇家园林、私家园林和寺观园林。皇家园林属于皇帝个人和皇室所私有，古籍里称之为"苑""苑囿""宫苑""御园""御苑"等。私家园林属于民间的私人所有，古籍里面称之为"园""园亭""园墅""池馆""山池""山庄""别业""草堂"等的大抵都可以归入这个类型。寺观园林即佛寺和道观的附属园林，也包括寺观内部庭院和外围地段的园林化环境。这三个主要类型在中国古代园林文化中，无论造园艺术或技术均具有更多的典范性的意义。因此，本文的论述，概以皇家园林、私家园林和寺观园林作为重点，一般不涉及其他类型。

中国古典园林的全部发展历史大致可以分为六个阶段，也就是从它的萌芽、产生，历经兴盛、成熟，最后趋于衰微的全过程。

园林的生成期

（殷、周、秦、汉，公元前 16 世纪—公元 220）

这个阶段，园林从萌芽而生成。它的雏形起源于囿、台、园圃，也可以说，此三者是形成园林的三个源头。

殷、周为奴隶制国家，君主、贵族奴隶主很喜欢大规模地狩猎，这是一种兼有军事训练性质的娱乐活动，又叫作"田猎"。田猎除了获得大量被射杀的死的猎物之外，也还会捕捉到一定数量的活着的野兽、禽鸟。后者需要集中豢养，"囿"便是王室专门集中豢养这些禽兽的场所。在囿的广大范围之内，为便于禽兽生息和活动，需要广植树木、开凿沟渠水池等，有的还划出一定地段培植果蔬。囿之域养禽兽，主要为王室提供祭祀、丧纪所用的牺牲，供给宫廷宴会的野味，类似生产、供应基地的性质。此外，据《周礼·地官·囿人》郑玄注中说"囿游，囿之离宫，小苑观处也"，则囿还兼有"游"的功能，即在囿里面进行游观活动，观赏群兽奔突于林间，众鸟飞翔于树梢，嬉戏于水面。就此意义而言，囿已具备园林的雏形性质了。

台（臺），即用土堆筑而成的方形高台，其原初功能是登高以观天象、通神明，即《白虎通·释台》所谓"考天人之际，察阴阳之会，揆星度之验"，因而具有浓厚的宗教神秘色彩。台上建置房屋谓之"榭"，往往台榭并称。台还可以登高远眺，观赏风景，周代的天子、诸侯"美宫室""高台榭"遂成为一时的风尚，台的"游观"功能亦逐渐上升，成为一种主要的宫苑建筑物，并结合于绿化种植而形成以它为中心的空间环境，古籍里面称之为"苑台"，则又逐渐向着园林雏形的方向上转化了。

园（園）是种植树木（多为果树）的场地。《诗经·郑风·将仲子》："无逾我园。"毛传："园，所以树木也。"圃，《说文解字》："种菜曰圃。"西周时，往往园与圃并称，其意亦互通；老百姓在住宅的房前屋后开辟园圃，既是经济活动，还兼有观赏的目的。而人们看待树木花草也愈来愈侧重于观赏的用意，不仅取其外貌形象之美姿，而且还注意到其象征性的寓意，《论语》中就有"岁寒然后知松柏之后凋也"的论述。园圃内所栽培的植物，一旦兼作观赏的目的，便会向着植物配置的有序化的方向上发展，从而赋予前者以园林雏形的性质。

园林形成的这三个源头之中，台具有宗教的神秘色彩，囿和园圃属于生产基地的范畴。后两者的运作具有经济方面的意义，因此，中国古典园林在其产生的初始便与生产、经济有着密切的关系，这个关系甚至贯穿于中国古代社会早期的始终。

历史上最早有信史可征的园林是《史记·殷本纪》所记载的殷纣王兴建的"沙丘苑台"和《诗经·大雅》所记载的周文王兴建的灵台、灵囿、灵沼，时间大约在公元前11世纪。前者在今河北邯郸，后者在今西安西郊。它们都是由囿、台、园圃三者相结合的园林雏形（古代的囿、苑二字本义是相通的），也是贵族园林的滥觞。

周代的天子、诸侯、卿、士大夫等贵族奴隶主均经营园林，供一己享用。东周时，诸侯国的势力强盛，各诸侯国国君在其封地的都邑附近营建的贵族园林的规模都很宏大，其中最著名的当推吴王夫差修建的姑苏台和楚灵王修建的章华台。前者在今苏州西南郊，据《述异记》的记载："吴王夫

差筑姑苏台，三年乃成。周旋诘屈，横亘五里，崇饰土木，
殚耗人力。宫妓数千人，上别立春宵宫，为长夜之饮，造千
石酒钟。夫差作天池，池中造青龙舟，舟中盛陈妓乐，日与
西施为水嬉。吴王于宫中作海灵馆、馆娃阁（宫），铜沟玉
槛，宫之槛槛皆珠玉饰之。"今苏州灵岩寺即当年馆娃宫遗
址之所在。

秦始皇于公元前221年灭六国，统一天下，建立中央集
权的秦王朝。奴隶制经济转化为地主制小农经济，过去的贵
族分封政体转化为皇帝独裁政体，园林的发展亦与此新兴
大帝国的经济、政治体制相适应，开始出现皇家园林。这时
候，皇帝以空前的规模兴建离宫别馆，根据各种文献的记
载，秦代短短的十五年中仅在首都咸阳附近的宫苑就有百余
处之多，大多数均具有皇家园林的性质。它们由渭河北岸的
咸阳向渭河南岸拓展，逐渐形成渭南的以阿房宫为中心的庞
大的宫苑集群，其中规模最大者即著名的上林苑。

西汉王朝建立之初，把都城迁至咸阳东南，渭水南岸
的长安。汉武帝在位的时候（公元前141—前87），地主小
农经济空前发展，中央集权的大一统局面空前巩固，政治稳
定，经济繁荣，泱泱大国的气派，儒道互补的意识形态影响
及文化艺术的诸方面，产生了瑰丽的汉赋，羽化登仙的神
话，现实与幻想交织的绘画，神与人结合的雕刻，等等。园
林方面当然也会受到这种影响，再加上当时国力之强盛以及
汉武帝本人的好大喜功，皇家园林遂达到空前兴盛的局面，

成为当时造园活动的主流。

西汉的皇家园林遍布包括长安城内、近郊、远郊在内的关中地区乃至关陇各地，"前乘秦岭，后越九嵕，东薄河华，西涉岐雍。宫馆所历，百有余区"（班固《西都赋》）。其中的大部分建成或最后完成于汉武帝在位时期，如郊外的建章宫以及上林苑、云阳的甘泉宫等，都是著名的且有代表性的西汉皇家园林。

上林苑就秦之上林苑加以扩大建成，范围"东南到蓝田、宜春、鼎湖、御宿、昆吾，旁南山（终南山）而西，至长杨、五柞，北绕黄山，濒渭水而东"（佚名《三辅黄图》）；按现在的行政区划，它的边界南达终南山，北沿九嵕山和渭河，地跨西安市咸宁、周至、户县（现为西安市鄠邑区）、蓝田四县的县境，占地之广可谓空前绝后，乃是中国历史上最大的一座皇家园林。苑内为辽阔的平原和丘陵，八条大河即所谓"关中八水"贯穿其间，苑外的终南山和九嵕山作为南北屏障，自然景观极其恢宏壮丽。除了丰富的天然植被之外，另由人工栽植大量观赏树木、果树和少量药用植物，《西京杂记》记载群臣及远方诸国进贡的树木花草就有两千余种之多。豢养百兽放逐各处，供皇帝秋冬狩猎取之。人工开凿的湖泊多处，一般都利用挖湖的土方在其旁或其中堆筑高台。昆明池是最大的一处人工湖，遗址面积约一百五十公顷。开凿此湖是为了训练水军以备征讨西南夷，同时也作为长安郊外水系的蓄水库和养鱼的基地，当然也是一处水上游览的场所。建筑则组合为群组，疏朗地分布在苑林之内，计有宫、苑、台、观等类型。此外，上林苑之内还设工艺品作坊、日用品作坊、果园、蔬圃、畜圈、马厩、牧场、农田等，产品和作物供应宫廷之需用，则又无异于一个庞大的皇家庄园。

所以说，上林苑是一个多功能皇家园林，它集中了早期园林的全部功能——游憩、狩猎、通神、求仙、生产、娱乐，此外还兼作军事训练场地。

建章宫位于长安城之西侧，包括宫廷区与苑林区两部分（图1）。后者即园林，建置在宫廷区的后面，呈前宫后苑的总体格局。园林内开凿大池，名叫"太液池"。为迎合汉武帝迷信神仙的心理，在池中堆筑三个岛屿，象征古代神话

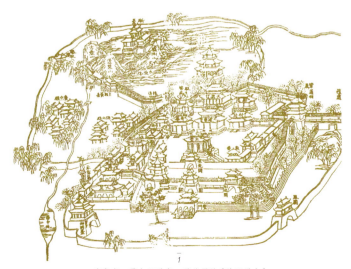

1

建章宫　摹自汪道亨、冯从吾的《陕西通志》

传说中的东海的瀛洲、蓬莱、方丈三仙山。这是历史上第一座具有完整的摹拟海上三仙山的皇家园林，从此以后，"一池三山"遂成为皇家造园的主要模式，一直沿袭到清代。

东汉迁都洛阳，皇家园林建置的数量远不如西汉之多，规模也较西汉为小。但园林的游赏功能已上升到主要地位，因而更注意造景的效果。

私家园林在西汉时已见于文献记载，如长安茂陵的富人袁广汉所筑私园"东西四里，南北五里，激流水注其内。构石为山，高十余丈，连延数里。养白鹦鹉、紫鸳鸯、牦牛、青兕，奇兽怪禽，委积其间。积沙为洲屿，激水为波潮。……屋皆徘徊连属，重阁修廊，行之，移晷不能遍也"（葛洪《西京杂记》）。东汉桓帝时，大将军梁冀在洛阳大起邸宅园林，"采土筑山，十里九坂，以像二崤，深林绝涧，有若自然。奇禽驯兽，飞走其间……"（范晔《后汉书·梁统列传》）。它们的规模很宏大，但都是摹仿皇家园林，作为私家园林的类型特点则尚未完全形成。

园林的转折期
（魏、晋、南北朝，220—589）

魏晋南北朝是中国历史上的一个大动乱时期，也是思想十分活跃的时期。儒、道、佛、玄诸家争鸣，彼此阐发。思想解放促进了艺术领域的开拓，也给予园林很大影响，加之庄园经济发展和士族的形成，使得造园活动由宫廷逐渐普及于民间。这时候，文人、士大夫等知识阶层深受老、庄、佛、玄思想的浸润，持着超脱的、出世的心态，大多崇尚自然，寄情山水，向往隐逸，从而导致行动上游山玩水的风尚，确立思想上对山水风景的独立的审美观念。处在这种时代背景的影响下，经过东晋初北方向南方的一次大移民，即所谓"衣冠南渡"之后，江南一带的山水风景陆续开发出来。山水风景的开发拓展了山水艺术的领域，标志着人们对自然美的鉴赏已趋于成熟。于是，有关山水的各个艺术门类相继兴起，包括山水文学、山水画、山水园林。

园林方面，除了皇家园林之外，私家园林和寺观园林异军突起，形成了这三大类型鼎足而三的发展态势。造园已逐渐摆脱秦汉时的粗放状态，趋向于精密细致而完全臻于艺术创作的境地。园林的发展，已出现明显的转折。

三国、两晋、十六国、南朝相继建立的大小政权都在各自的首都进行宫苑建置。其中建都比较集中的三个城市有关皇家园林的文献记载也较多：北方为邺城、洛阳，南方为建康。这三个地方的皇家园林大抵都经历了若干朝代的踵事增华，规划设计上达到了这一时期的较高水平，华林园便是典型的一例。

北魏首都洛阳的华林园（图 2）位于城市中轴线的北端，其建设已纳入首都的城市规划而成为城市中心区的一个有机组成部分。城市的中轴线是皇居之所在和政治活动的中心，

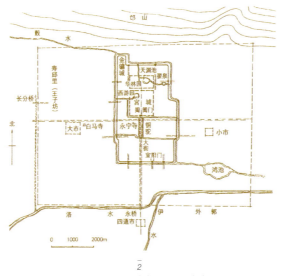

北魏洛阳平面图，城中北部可见华林园

利用建筑群的布局和建筑个体变化来形成一个具有强烈节奏感的完整的空间序列，以此来突出封建皇权的至高无上的象征。再者，御苑毗邻于宫城之北，既便于帝王游赏，也具有军事上"退足以守"的用意。

华林园内，以一个人工开凿的大池为中心，池中筑一台，一山。山名"蓬莱山"，"山上有仙人馆，上有钓台殿，并作虹霓阁，乘虚来往。……海西南有景山殿，山东有羲和岭，岭上有温风室。山西有姮娥峰，峰上有露寒馆，并飞阁相通，凌山跨谷。山北有玄武池，山南有清暑殿，殿东有临涧亭，殿西有临危台。景阳山南有百果园……柰林西有都堂，有流觞池，堂东有扶桑海。凡此诸海，皆有石窦流于地下，西通穀水，东连阳渠，亦与翟泉相连……"（杨衒之

《洛阳伽蓝记·城内司农寺》）。足见园林景观之丰富，其摹拟大自然生态的规划设计亦达到了一定的精致程度。

私家园林兴盛，已出现宅园和别墅园之分。贵戚官僚纷纷在城市修建豪华邸宅，有宅必有园。无论南方和北方，宅园之见于文献记载的不在少数。杨衒之《洛阳伽蓝记》描写北魏洛阳城内宅园的盛况：

> 当时四海晏清，八荒率职……于是帝族王侯、外戚公主，擅山海之富，居川林之饶，争修园宅，互相夸竞。崇门丰室，洞户连房；飞馆生风，重楼起雾。高台芳榭，家家而筑；花林曲池，园园而有。莫不桃李夏绿，竹柏冬青。

其中尤以大官僚张伦的宅园最为豪侈：

> 司农张伦等五宅……惟伦最为豪侈。斋宇光丽，服玩精奇，车马出入，逾于邦君。园林山池之美，诸王莫及。伦造景阳山有若自然，其中重岩复岭，嵚崟相属，深蹊洞壑，逦递连接。高林巨树，足使日月蔽亏；悬葛垂萝，能令风烟出入。崎岖石路，似壅而通；峥嵘涧道，盘纡复直。是以山情野兴之士，游以忘归。

在城市郊外，随着庄园经济之发展，依附于庄园或者单独建置的别墅园亦逐渐增多起来。它们远离城市之喧嚣，那些属于士族文人名流所有的，则更由于园主人具备的高雅文化素养和对自然美的鉴赏能力而显示其意在追求山林泉石之怡性畅情的倾向，成为后世文人园林的滥觞。

西晋大官僚石崇的金谷园是当时北方著名的一处庄园别墅，位于洛阳西北郊之金谷涧畔。园内"却阻长堤，前临清渠，百木几于万株，流水周于舍下。有观阁池沼，多养鱼鸟"（石崇《思归引序》），可以设想那一派清纯朴素的自然情调。东晋以后，江南一带由于北方汉族士族大量迁入而人文荟萃，文化发展也必然要高于少数民族统治下的北朝，加之当地山水风景的钟灵毓秀，园林的艺术造诣也有北朝所不及的地方，在别墅园林上面表现得尤为明显。就文献记载的情况看来，这类园林比较普遍，应该说是南方造园活动的主流。东晋士族文人谢灵运家族在会稽郡始宁县所经营的庄园别墅乃是最有代表性的一例，谢灵运专门写了一篇《山居赋》叙述这座庄园如何选择物产资源丰富、山水风景优美的自然环境，"相地卜宅"而经之营之的情况：

其居也，左湖右江，往渚还汀，面山背阜，东阻西倾，抱含吸吐，款跨纡萦，绵联邪亘，侧直齐平。

……葺骈梁于岩麓，栖孤栋于江源。敞南户以对远岭，辟东窗以瞩近田。田连冈而盈畴，岭枕水而通阡……风生浪于兰渚，日倒影于椒涂。飞渐榭于中汜，取水月之欢娱。旦延阴而物清，夕栖芬而气敷。顾情交之永绝，觊云客之暂如……

《山居赋》勾画出一幅大自然生态的情景和自给自足的庄园经济的图像，同时也体现了人文与自然相融糅的天人谐和的审美情趣。

佛教自东汉由印度传入中国后，到这时已经兴盛起来，本土生长的道教亦流行于民间，佛寺与道观作为宗教建筑遂应运而大量兴建，由城市到近郊逐渐遍及于山野地带。随着寺观的大量兴建，相应地出现了寺观园林这个新的类型。城市里面的寺观，园林往往毗邻于其后或其侧而单独建置，犹如宅园之于邸宅。其擅长山池花木之内容，与私家园林并没有什么不同的地方。郊野地带的寺观则更注意外围的园林化环境的处理，其中不乏与地貌、地形完美结合之设计精到者，则不失为寺观园林中之精品。

园林的全盛期
（隋、唐及五代，589—960）

隋代结束了南北朝时期的分裂格局，中国复归统一。唐代国势强大，版图辽阔，庄园经济逐渐消除，地主小农经济发达；政治上削弱士族势力，中央集权更加巩固；意识形态方面，儒、道、释共尊而以儒家为主。唐代的文化艺术能够海纳百川，在一定范围内积极融汇外来因素而促成了本身的长足进步和繁荣。初唐和盛唐成为古代中国继秦汉之后的又一个昌盛时代，贞观之治和开元之治把中国封建社会推向发达兴旺的高峰。在这样的历史与文化背景下，园林的发展相应地达到全盛的局面。

隋唐采取两京制，长安为西京，洛阳为东都。

长安位于汉故城的南面，宫城和皇城构成城市的中心区，其余则为居住区，包括一百零九个坊和两个市。

洛阳在北魏故城以西约十八里处，前置伊阙，后据邙山，洛、伊、瀍、涧诸水贯城中，它的规划与长安大体相同，不过因限于地形，城郭的形状不如长安之规矩。

皇家园林集中在两京，长安则更多一些（图3）。它们分布在城内、附郭、近郊和远郊，数量达数百所，规模之宏大远远超过魏晋南北朝时期，显示了"万国衣冠拜冕旒"的泱泱大国气概。其中，洛阳的西苑、上阳宫，长安的禁苑、华清宫、大明宫、兴庆宫、仙游宫、九成宫、翠微宫，等等，都是名重一时的很有特色的杰出作品。

华清宫在长安东郊的临潼，南倚骊山北坡，北向渭河，包括宫廷区和苑林区两部分。宫廷区位于骊山北麓之平坦地带，坐南朝北；中部为三路、多进的宫殿建筑群，利用地下温泉建置十六处温泉浴池；西部与东部分别为百官邸宅、衙

3
唐长安近郊平面示意图

署和嫔妃居住的宫院。苑林区紧邻宫廷区之南，即骊山北坡
之山岳风景地带，以建筑物结合于山麓、山腰、山顶的不同
地貌而规划为各具特色的景区和景点。值得一提的是苑林区
在天然植被的基础上还进行了大量的人工绿化种植，"天宝所
植松柏，遍满岩谷，望之郁然"（张泊《贾氏谈录》）。不同的
植物配置更突出了各景区、景点的特色，因而骊山北坡花树
繁茂，如锦似绣。

　　私家园林较之魏晋南北朝更兴盛，普及面更广，艺术
水平大为提高。唐代，科举取士确立，文人做官的很多，他
们都刻意经营自己的园林，因而私家园林受到文人趣味、爱

好的影响也就较上代更为广泛深刻。自盛唐起，文人已有直接参与造园的，如王维和白居易等人。由于他们的介入，诗画的情趣渗入私家园林，从而把园林的艺术素质提高一大步，奠定宋以后文人园林的基础。

城市私园多为宅园，也叫作"山池院"，规模大者占去半坊以上。洛阳城内河道纵横，为私家造园提供了优越的供水条件，园林亦多以水景取胜。而文人所经营的则更透出一种清纯雅致的格调，白居易在任太子宾客官职时建造的履道坊宅园便是一个很有代表性的例子。

这座宅园位于洛阳城内履道坊之西北隅，洛水流经此地，被认为是城内风土水木最胜之处，白居易专门为它写了一篇韵文《池上篇》。篇首的长序详尽地描述此园的内容：园和宅共占地十七亩，其中"屋室三之一，水五之一，竹九之一，而岛树桥道间之"。屋室包括住宅和游憩建筑，水指水池和水渠而言，竹即以竹子为主的绿化种植。水池中堆筑三岛，岛上建亭，其间跨平桥和拱桥相联系。白居易把他心爱的太湖石、青石、白莲、折腰菱、青板舫等安置园内，经常优游于此园：

> 每至池风春，池月秋，水香莲开之旦，露清鹤唳之夕……颓然自适，不知其他。酒酣琴罢，又命乐童登中岛亭，合奏霓裳散序。声随风飘，或凝或散，悠扬于竹烟波月之间者久之。

看得出来，造园的目的在于寄托精神和陶冶性情，那种清沁幽雅的格调与城市山林的气氛也恰如其分地体现了当时文人营园的主旨——以泉石养心，借诗酒怡性。

郊野别墅园的建置，或依附于庄园，或单独建在离城不远、交通往返方便而风景比较优美的地带，也有建在风景名胜区内的。别墅园见于文献记载的大多数为文人名流所经营，或多或少具备文人的高雅格调，体现天人谐和的审美情趣。其中，如王维的辋川别业、李德裕的平泉庄、杜甫的浣花溪草堂、白居易的庐山草堂等都是最著名者。

庐山草堂是白居易被贬谪到江州担任司马官职时建造的。建园基址选择在香炉峰之北、遗爱寺之南的一块"面峰腋寺"的地段上。这里：

　　　　白石何凿凿，清流亦潺潺。

　　　　有松数十株，有竹千余竿。

　　　　松张翠伞盖，竹倚青琅玕。

　　　　其下无人居，惜哉多岁年。

　　　　有时聚猿鸟，终日空风烟。

　　　　——白居易《香炉峰下新置草堂，即事咏怀，题于石上》

草堂建筑和陈设极为简朴：

三间两柱，二室四牖，广袤丰杀，一称心力。洞北户，来阴风，防徂暑也；敞南甍，纳阳日，虞祁寒也。

木，斫而已，不加丹；墙，圬而已，不加白；砌阶用石，幂窗用纸，竹帘纻帏，率称是焉。堂中设木榻四，素屏二，漆琴一张，儒道佛书各三两卷。

堂前为一块十丈见方（一千多平方米）的平地，平地当中有平台，大小约为平地之半。台之南有方形水池，大小约为平台之一倍。"环池多山竹野卉，池中生白莲白鱼。"

周围环境：南面有石涧、古松、老杉；北面据层崖、飞泉；东面有瀑布；西面依北崖右趾，以剖竹架空，引崖上之泉：

自檐注砌，累累如贯珠，霏微如雨露，滴沥漂洒，随风远去。

附近景观亦冠绝庐山：

春有"锦绣谷"花，夏有"石门涧"云，秋有"虎溪"月，冬有"炉峰"雪，阴晴显晦，昏旦含吐，千变万状，不可殚纪觊缕而言，故云"甲庐山"者。

白居易贬官江州，心情十分郁悒，尤其需要山水泉石作为精神寄托。司马又是一个清闲差事，有足够的闲暇时间到庐山草堂居住，"每一独往，动弥旬日"。因而把自己的全部情思都寄托于这个人工与自然环境完善和谐的、非常简朴的别墅园林上面了。

寺观园林比起魏晋南北朝更为普及，这是宗教世俗化的结果，同时也反过来促进了宗教和宗教建筑的进一步世俗化。城市寺观具有城市公共交往中心的作用，寺观园林亦相应地发挥了城市公共园林的职能。郊野寺观的园林（包括独立建置的小园、庭院绿化和外围的园林化环境）把寺观本身由宗教活动的场所转化为点缀风景的手段，吸引香客和游客，促进了原始型旅游的发展，也在一定程度上保护了生态环境。宗教建设与风景建设在更高的层次上相结合，促成了山岳风景名胜区普遍开发的局面。

园林的成熟期　一
（宋，960—1271）

宋代，封建社会已发育成熟，地主小农经济空前繁荣，封建文化臻于登峰造极。相应地，园林及其造园艺术的发展也达到了完全成熟的境地。

私家园林在中原、江南、巴蜀等经济文化发达地区普遍建置，见于各种文献记载的不少，尤以宅园为多。如《洛阳名园记》详细描述了北宋洛阳的著名宅园和游憩园十八处；《梦粱录》《武林旧事》描写了南宋首都临安的宅园和别墅园多处；《东京梦华录》中也有关于北宋首都东京的私家园林繁荣兴盛情况的记载。南宋城乡经济高度发展，带动了科学技术的长足进步，建筑技术、园艺技术在唐代已有的基础上又获得很大提高。

园林建筑的个体、群体形象以及小品的丰富多样，从传世的宋画中也可以看得出来。例如，著名的王希孟《千里江山图》，仅一幅山水画中就表现了个体建筑的各种平面："一"字形、曲尺形、折带形、"丁"字形、"十"字形、"工"字形；各种造型：单层、二层、架空、游廊、复道、两坡顶、歇山顶、庑殿顶、攒尖顶、平顶、平桥、廊桥、亭桥、十字桥、拱桥、九曲桥等；还表现了以院落为基本模式的各种建筑群体组合的形象及其倚山、临水、架岩、跨涧结合于局部地形地物的情况。建筑之得以充分发挥点缀风景的作用已是显而易见的了。

园林中的观赏树木和花卉的栽培技术，已出现嫁接和引种驯化的方式，当时的洛阳花卉甲天下，素有"花城"之称。周师厚《洛阳花木记》记载了近六百个品种的观赏花木。石材已成为普遍使用的造园素材，江南地区尤甚；还相应地出现了专以叠石为业的技工，吴兴（今湖州）叫作"山匠"，苏州叫作"花园子"。园林叠石技艺水平大为提高，人们更重视石的鉴赏品玩，刊行了多种的《石谱》。所有这些，都为园林的广泛兴造提供了技术上的保证。因而私家造园活动远迈前代，艺术上和技术上均取得了前所未有的成就。

现举宋人李格非《洛阳名园记》中记述的富郑公园为例（图4），此园是宋仁宗和神宗两朝宰相富弼的宅园，位于邸宅的东侧，出邸宅东门的探春亭便可入园。

园林的总体布局大致为：大水池居园之中部偏东，由东北方的小渠引来园外活水；池之北为全园的主体建筑物四景堂，前为临水的月台，"登四景堂则一园之胜景可顾览而得"，堂西的水渠上跨通津桥；过桥往南即为池西岸的平地，

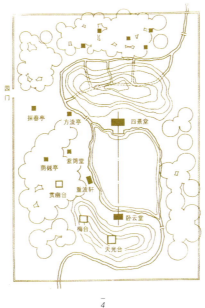

富郑公园平面设想图

种植大片竹林，辅以多种花木：

> 上方流亭，望紫筠堂。而还右旋花木中，有
> 百余步，走荫樾亭、赏幽台，抵重波轩而止。

池之南岸为卧云堂，与四景堂隔水呼应成对景，大致形成园林的南北中轴线。卧云堂之南为一带土山，山上种植梅与竹林，建梅台和天光台。二台均高出于林梢，以便观览园外借景。四景堂之北亦为一带土山，山腹筑洞四，横一纵三。洞中用大竹引水，洞上为小径。大竹引水出地成明渠，环流于山麓。山之北是一大片竹林：

> 有亭五，错列竹中：曰丛玉，曰披风，曰漪
> 岚，曰夹竹，曰兼山。

此园的两座土山分别位于水池的南、北面：

> 背压通流，凡坐此，则一园之胜可拥而有也。

据《洛阳名园记》的描述情况来看，全园大致分为北、南两个景区。北区包括具有四个水洞的土山及其北的竹林，南区包括大水池、池东与池西的平地以及池南的土山。北区比较幽静，南区则以开朗的景观取胜。

宋代文人广泛参与造园活动，促成了私家园林中的文人园林的兴起。所谓文人园林，乃是文人经营的园林之更侧重于以赏心悦目而寄托理想、陶冶性情、表现隐逸者，也泛指那些受到文人的审美趣味浸润而文人化的园林。如果把它视为一种艺术风格，则后者的意义更为重要。文人园林源于魏晋南北朝，萌芽于唐代，到两宋时已形成其主要的特征：简远、疏朗、雅致、天然——这四个特征也是文人趣味在园林中的集中表现，与宋代兴起的文人画的风格特点有某些类似之处。

文人画是出自文人之手的抒情表意之作（图5），其风格的特点在于讲求意境而不拘泥细节描绘，强调对客体的神似更甚于形似。如果说，文人画及其风格的形成乃是文人参与绘画的结果，那么，文人园林及其风格的形成也同样是文人广泛参与园林规划的结果。文人参与造园者如司马光、欧阳修、苏轼、王安石、苏舜钦、米芾等人均见于史载，宋徽宗赵佶亦以文人的身份具体过问皇家园林艮岳的建园事宜。因而文人所写的画论可以引为指导园林创作的园论，园林的诗情画意正是当代文人诗文绘画风骨的复现，园林的意境与文人画的意境异曲同工。文人园林风格不仅逐渐涵盖私家造园活动，甚至影响及于皇家园林和寺观园林，这种情况一直延续到元、明和清初。

宋代的皇家园林集中在东京（今开封）和临安（今杭州）两地。若论园林的规模和造园的气魄，宋代远不如隋

5

宋画中的台（宋·刘古宗《瑶台步月图》）

唐，但规划设计的精致则过之。宋代园林的内容比之隋唐较少皇家气派，更多地接近于私家园林，南宋皇帝就经常把行宫御苑赏赐臣下或者把臣下的私园收归皇室作为御苑。

北宋首都东京共有三重城垣：宫城、内城、外城。城市规划仍沿袭北魏与隋唐以来的皇都模式，但城市的内容和功能已经由单纯的政治中心演变为政治中心兼繁荣的商业中心了。皇家园林主要集中在宫城及外城郭外的近郊，艮岳即其中的最著名者。

艮岳位于宫城的东北隅，由擅长书画的宋徽宗参与筹划，全部为人工堆山凿池、平地起造。

宋徽宗写了一篇《艮岳记》，对这座名园做了详尽的描述。主山名叫"万岁山"，主峰之南有稍低的两峰并峙，其西又以平岗万松岭作为呼应。其东与南则为次山环抱。这座用太湖石和灵璧石一类奇石摹拟杭州凤凰山的形象而堆筑成的大土石假山"雄拔峭峥，巧夺天造……千态万状，殚奇尽怪"，山上"斩石开径，凭险则设磴道，飞空则架栈阁"。

此外，还利用造型奇特的单块太湖石作为园景点缀和露天陈设，有的集中为一区犹如人工石林。万岁山的南面和西面分布着雁池、大方沼、凤池、白龙滩等大小水面，以萦回的河道穿插连缀，呈山环水抱的地貌形态。山间水畔布列着许多建筑物，主峰之顶建介亭作为控制全园的景点。园内大量莳花植树，且多为成片栽植，如斑竹麓、海棠川、梅岭等。为了兴造此园，官府专门在江浙一带征取民间的珍异花木奇石，工程连续经营十余年之久，足见此园之巨丽。

南宋首都临安西邻西湖及其三面环抱的群山，东邻钱塘江，既是偏安江左的政治、经济、文化中心，又有美丽的湖山胜境，这些均为造园活动提供了优越的条件。

自从与金人达成和议以来，南宋临安皇家园林建设之盛况比之北宋东京有过之而无不及。宫城内的御园 —— 后苑，位于西湖南面的凤凰山的西北部，是一座风景优美的山地园。这里地势高爽，能迎受钱塘江的江风，小气候比杭州城的其他地方凉爽。地形旷奥兼备，视野广阔。田汝成《西湖游览志》形容其为"山据江湖之胜，立而环眺，则凌虚骛远，环异绝特之观举在眉睫"。南宋的其他行宫御苑，大部分分布在环湖风景优美之地段，少部分则分布在外城南郊的钱塘江畔和东郊的风景地带；数量甚多，但规模均不大。

宋代的寺观园林继唐之后进一步世俗化而达到文人化

的境地，它们与私家园林之间的差异，除了尚保留着一点烘托佛国仙界的功能之外，基本上已消失殆尽了。宋代，佛教禅宗崛起，禅宗教义着重于现世的内心自我解脱，尤其注意从大自然的陶冶中获得超悟。禅僧的这种深邃玄远、纯净清雅的情操，使得他们更向往于远离城镇尘俗的幽谷深山。道士讲究清静简寂，栖息山林有如闲云野鹤，当然也具有类似禅僧的情怀。再加上僧、道们的文人化的素养和对自然美的鉴赏能力，从而掀起了继两晋南北朝之后的又一次在山野风景地带建置寺观的高潮。而在山野风景地带建造的寺观一般都精心经营园林、庭院绿化和外围的园林化环境，临安西湖的众多佛寺便是典型的例子。

临安西湖是当时东南的佛教圣地，前来朝山进香的香客络绎不绝。东南著名的佛教禅宗五山（刹），有两处在西湖——灵隐寺和净慈寺。为数众多的佛寺一部分位于沿湖地带，其余分布在南、北两山。它们都能因山就水，选择风景优美的基址，建筑布局则结合于山水林木的局部地貌而创为园林化的环境。因此，佛寺本身也就成了西湖风景的重要景点。西湖风景因佛寺而成景的占大多数，而大多数的佛寺均有单独建置的园林。

园林的成熟期　二

（元、明、清早期，1271—1736）

从元代到清早期，园林的发展为两宋的一脉相承而更趋成熟，但已然失去了宋以前的向上的活力和旺盛的生机，显示其更平和更稳重的演进。

元代的都城大都即今北京城之前身。大都城的总体规划继承发展了唐宋以来皇都规划的模式——三套方城、宫城居中、中轴对称的布局，但不同的是突出了《周礼·考工记》所规定的"前朝后市，左祖右社"的古制——社稷坛建在城西，太庙建在城东，后市即皇城北面的商业区。最大的御苑在宫城的西侧，主体为太液池，池中三个岛屿呈南北一线布列，沿袭着历来皇家园林的"一池三山"传统。大都城的引水工程巨大，当时主要的供水河道有两条：一条引城西北郊的玉泉山的泉水注入太液池，以供应宫苑用水；另一条为解决大运河的上源补给以利漕运，引城北六十里外的昌平神山白浮泉水，从和义门北之水门流经海子（积水潭），再沿宫城的东墙外南下注入通惠河，以接济大运河。明初，自南京迁都大都，改名"北京"，在原大都的基础上建成了明、清两代的北京城的规模和格局（图6）。

明代皇家园林建设的重点在皇城内的御苑，共计六处，其中以西苑的规模最大。

西苑即元代太液池的旧址，再往南开拓水面，奠定了北、中、南三海的格局（图7）。西苑的水面大约占园林总面积的二分之一。东面沿三海东岸筑宫墙，设三门，其中的西苑门为苑的正门，正对紫禁城之西华门。入门，但见太液池上"烟霏苍莽，蒲荻丛茂，水禽飞鸣，游戏于其间。隔岸林树阴森，苍翠可爱"（韩雍《赐游西苑记》）。

池中的原三岛之二已与东岸连接，只剩下大岛琼华岛仍屹立水中。岛上保留着元代假山叠石嶙峋、树木翁郁的景观和疏朗的建筑布局。山顶建广寒殿。从这里"徘徊周览，则都城万雉，烟火万家，市廛官府、寺僧浮屠之高杰者，举集目前。近而太液晴波，天光云影，上下流动；远而西山居庸，叠翠西北，带以白云。东而山海，南而中原，皆一望无际，诚天下之奇观也"（韩雍《赐游西苑记》）。足见在当年没有空气污染和高层建筑遮挡的情况下，景界是十分开阔的。琼华岛浮现北海水面，每当晨昏烟霞弥漫之际，宛若仙山琼阁。从岛上一些建筑物的命名看来，显然也是有意识地摹拟神仙境界，故明人有诗状写其为："玉镜光摇琼岛近，悦疑仙客宴蓬莱。"南海中堆筑大岛——南台，南台一带林木深茂，沙鸥水禽如在镜中，宛若村舍田野之风光。皇帝在这里亲自耕种御田，以示劝农之意。太液池西岸是一大片平地，北半部疏朗地建置几座殿宇、亭榭，其北为校场和圈养禽兽的地方，南半部则为宫中跑马射箭的场地。三海水面辽阔，夹岸多榆柳古槐，海中萍荇蒲藻，交青布绿。北海一带种植荷花，南海一带芦苇丛生，沙禽水鸟翔泳于山光水色间。皇

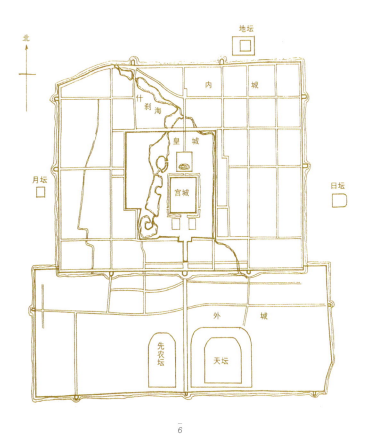

北

地坛

内　　城

什刹海

皇　城

宫城

月坛

日坛

外　　城

先农坛

天坛

一
6

明、清北京城平面示意图

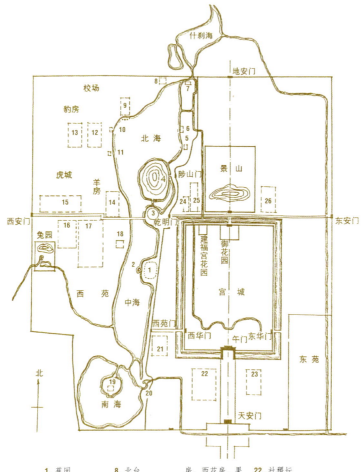

什刹海

地安门

校场

豹房

北海

景山

13 12

虎城

羊房

西安门

兔园

15

16 17

18

西苑

中海

西苑门

西华门

午门 东华门

东苑

北

南海

天安门

1. 蕉园	**8.** 北台	房、西花房、果	**22.** 社稷坛
2. 水云榭	**9.** 太素殿	园厂	**23.** 太庙
3. 团城	**10.** 天鹅房	**16.** 光明殿	**24.** 元明阁
4. 万岁山	**11.** 凝翠殿	**17.** 万寿宫	**25.** 大高玄殿
5. 凝和殿	**12.** 清馥殿	**18.** 平台（紫光阁）	**26.** 御马苑
6. 藏舟浦	**13.** 腾禧殿	**19.** 南台	
7. 西海神祠、涌	**14.** 玉熙宫	**20.** 乐成殿	
玉阁	**15.** 西什库、西酒	**21.** 灰池	

明北京皇城的西苑及其他大内御苑分布图

帝经常乘御舟作水上游览，冬天水面结冰，则作拖冰床和冰上掷球比赛之游戏。总的看来，明代的西苑树木蓊郁，建筑疏朗，既有仙山琼阁之境界，又富水乡田园之野趣，无异于城市中保留的一大片大自然生态的环境。直到清早期，仍然维持着这种状态。

明清改朝换代之际，北京城并未遭到大的破坏。清王朝入关定都北京之初，全部沿用明代的宫殿、坛庙和苑林，仅有个别的改建增损和易名。宫城和坛庙的建筑及规划格局基本上保持着明代的原貌，皇城的情况则随着清初宫廷规制改变而有较大变动。

清朝统治者来自关外，很不习惯北京城内炎夏溽暑的气候，顺治年间皇室曾有择地另建避暑宫城的拟议。再者，他们入关以后尚保持着祖先的驰骋山野的骑射传统，对大自然山川林木另有一番感情，不乐于像明代皇帝那样常年深居宫禁，总希望能在郊野的自然风景地带营建居处之地。但开国伊始，百废待兴，南方尚在用兵，无论就政治形势还是国家的财力而言，都不可能实现这个愿望。待到康熙中叶，三藩叛乱平定，台湾内附，全国统一。明末以来大动乱之后出现一个安定局面，经济有所发展，政府财力也比较充裕，于是康熙帝便着手在风景优美的北京西北郊和塞外等地营建新的宫苑了。

广大的北京西北郊，山清水秀。素称"神京右臂"的西山峰峦连绵自南趋北，余脉在香山的部位兜转而东，好像屏障一样远远拱列于这个平原的西面和北面。在它的腹心地带，两座小山冈双双平地突起，这就是玉泉山和瓮山。两山附近泉水丰沛，湖泊罗布，最大的湖泊即瓮山南麓的西湖。远山近水彼此烘托映衬，形成宛似江南的优美自然风景，实为北方所不多见。康熙帝先后在这里兴建香山行宫、玉泉山行宫（静明园）和畅春园。畅春园建成后，一年的大部分时间，康熙均居住于此，处理政务，接见臣僚，这里遂成为与紫禁城联系着的政治中心。为了上朝方便，在畅春园附近明代私园的废址上，陆续建成皇亲、官僚居住的许多别墅和赐园[1]。从此，清代历朝皇帝园居遂成惯例，稍后，又在塞外的承德兴建规模更大的御苑——避暑山庄，它较之畅春园更具备避暑宫城的性质。

清早期的这些离宫御苑的规划设计所取得的成就比之宋、明御苑，确实又前进了一大步而有所创新。康熙主持兴建的畅春园和避暑山庄尤其具有重要意义，此后的乾、嘉时期的皇家园林正是在他所奠定的基础上继续发展升华，终于达到皇家园林建设高潮的境地。

元、明及清早期，文人园林风格影响民间的造园活动，导致私家园林的艺术成就达到了一个更高的境界。江南私家园林尤其具有代表性。文人园林的大发展无疑是促成江南园林艺术达到高峰境地的重要因素，它的影响甚至及于皇家园

1　赐园是清代皇帝赐给皇族、宠臣的园林，不能世袭。园主人死后，仍由内务府收回。若其子得宠，可以再赐予。

林和寺观园林，同时还造就了一批高水平的造园匠师，系统的造园理论著作也相继问世。

过去的造园工匠在长期实践中积累了丰富的经验，世代薪火相传，共同创造了优秀的园林艺术。宋代文献中已有园艺工人和叠山工人（即山匠）的记载，明代江南地区的造园工匠技艺更为精湛。田汝成《西湖游览志》载：杭州工匠陆氏"堆垛峰峦，拗折涧壑，绝有天巧，号陆叠山"；苏州的叠山工匠则称为"花园子"。一园设计之成败往往取决于叠山之佳否，故他们也是造园的主要匠师。这些匠师身怀绝技，文人的造园立意一般要通过他们才得以具体实现，诚如李渔《闲情偶寄》所说：

> 尽有丘壑填胸、烟云绕笔之韵士，命之画水题山，顷刻千岩万壑，及倩磊斋头片石，其技立穷，似向盲人问道者。故从来叠山名手，俱非能诗善绘之人，见其随举一石，颠倒置之，无不苍古成文，纡回入画。

造园匠师的社会地位在过去一直很低，除了极个别的经文人偶一提及之外，大都是名不见经传。但到明末清初，情况有所变化。经济、文化最发达的江南地区，造园活动十分频繁，工匠的需求量当然也很大。由于封建社会内部资本主义因素的成长，市民文化的勃兴而引起社会价值观念的改变，造园工匠中之技艺精湛者逐渐受到社会上的重视而知名于世。他们在园主人或文人与一般匠人之间起着上通下达的桥梁作用，大大提高了造园的效率。其中的一部分人努力提高自己的文化素养，甚至有擅长于诗文绘事的则往往代替文人而成为全面主持规划设计的造园家。文人士大夫很尊重他们并乐于与之交往，他们的社会地位也非一般工匠可比。张涟与张然父子，便是此辈中的杰出者。张涟字南垣，生于明万历十五年（1587），晚岁定居嘉兴，毕生从事叠山造园。戴名世、钱谦益、吴伟业等江南名士与南垣为布衣之交，甚至颇不拘形迹，足见他已因叠山巧艺而名满江南公卿间了。传统的叠山方法，是以小体量的假山（石山或土石山）来缩移摹拟真山的总体形象。南垣对此深不以为然，主张运用截取大山一角而让人联想大山整体形象的做法，开创了叠山艺术的一个新流派。南垣之次子张然字陶庵，早年在苏州洞庭东山一带为人营造私园及叠山已颇有名气；清顺治、康熙年间两度到北京，为诸王公士大夫营造私园，后又供奉内廷，先后参与西苑、玉泉山、行宫、畅春园的叠山与规划事宜。康熙二十七年（1688）张然被赐还乡，他的后人的一支定居北京，世代承传祖业，成为北京著名的叠山世家——"山子张"。明末清初，像张氏父子这样的造园工匠，活动在江南地区的为数不少，而苏州、扬州两地尤为集中，可谓群星灿烂，各领风骚。文人与造园工匠之间的关系也比以往更为密切，这种密切关系建基于后者的学养和素质的提高，从而又取得两者在造园艺术上的共识，这是一方面。

另一方面，文人园林的大发展也需要有高层次文化的人投身于具体的造园活动。由于社会价值观的改变，文化人亦不再把造园技术视作壮夫不为的雕虫小技。于是，一些文人、画士直接掌握造园叠山的技术而成为名家，个别的则由业余爱好而"下海"成为专业的造园家，计成便是其中的代表人物。

计成，字无否，江苏吴江（今苏州吴江区）人，生于明万历十年（1582）。少年时即以绘画而知名，宗关全、荆浩笔意。中年曾漫游北方及两湖，归来后定居镇江，从此便精研造园技艺，专门为人规划设计园林，足迹遍布于镇江、扬州、常州、仪征、南京各地，成了著名的专业造园家。

一方面是叠山工匠提高文化素养而成为造园家，另一方面则是文人画士掌握造园技术而成为造园家。前者为工匠的文人化，后者为文人的工匠化。两种造园家合流，再与文人和一般工匠相结合而构成梯队。这种情况的出现固然由于当时江南地区的特殊的经济、社会和文化背景以及频繁的造园活动的需要，但这一需要也反过来促进了造园活动的普及。它标志着江南园林的发达兴旺。文人营园的广泛开展，影响及于全国各地则形成了明末清初的文人园林大普及，文人园林艺术臻于登峰造极的局面。

私家造园在广泛实践的基础上积累大量创作和实践的经验，文人、造园家与工匠三者的结合又促成这些宝贵经验向系统化和理论性方面升华。于是，这个时期便出现了许多有关园林的理论著作刊行于世。其中有专门成书的，计成的《园冶》、李渔的《笠翁一家言》、文震亨的《长物志》是比较全面而有代表性的三部著作，内容以论述私家园林的规划设计、叠山、理水、建筑、植物配置的艺术为主，也涉及某些园林美学的范畴。它们是造园专著中的代表作，也是文人园林自两宋发展到明末清初时期的理论总结。此外，颇有见地的关于园林的议论与评论以及美学见解散见于文人的各种著述中的，也比过去为多。这些著述均在同时期先后刊行于江南地区，它们的作者都是知名的文人，或文人而兼造园家，足见文人与园林关系之密切，也意味着诗与画的艺术通过文人而浸润于园林艺术之深刻程度。一般的文人即便不参与造园事业，也普遍地关心园林，享用园林，品评园林。园林与文人生活结下不解之缘，他们谈论园林好像谈论书、画、诗文一样。园林艺术完全确立了与诗画、诗文艺术相等同的地位，甚至许多戏曲、小说都以园林作为典型人物活动的典型环境，《红楼梦》便是最有代表性的一例。可以这样说，如果没有作者曹雪芹笔下大观园的烘托，那么《红楼梦》中活动着的众多人物的典型性格将会黯然失色。就作者对大观园这座文人园林（也包含某些皇家园林的成分）描写之全面、准确、细致程度，以及借书中人物之口而发挥的有关园林的精辟议论而言，曹雪芹对造园艺术之精通，并不亚于他的文学创作。

园林的成熟后期

（清中叶、清末，1736—1911）

从清中叶到清末，也就是乾隆朝到宣统朝的一百七十余年，是中国传统园林发展历史上集大成的终结阶段。它积淀了过去的深厚的历史传统而显示辉煌的成就，同时也暴露衰落迹象，呈现为逐渐停滞的盛极而衰的趋势了。

乾隆朝是中国封建社会漫长历史上的最后一个繁荣时代，政治稳定，经济发展，多民族的统一大帝国走向巅峰。

乾隆曾先后六次到江南巡视，足迹遍及江南园林精华荟萃的江宁、扬州、苏州、无锡、杭州、海宁等地。凡他所喜爱的园林均命随行的画师摹绘为粉本"携图以归"，作为北方建园的参考。一些重要的扩建、新建园林工程，他都亲自过问甚至参与规划事宜，表现出了一个行家的才能。康熙以来，皇家造园实践经验上承明代传统并汲取江南造园技艺而逐渐积累，乾隆又在此基础上把设计、施工、管理方面的组织工作进一步加以提高。内廷如意馆的画师可备咨询，内务府样式房做出规划设计，销算房做出工料估算，形成了一个熟练的施工和工程管理的班子。因而园林工程的工期比较短，工程质量也比较高。

从乾隆三年（1738）直到三十九年（1774）这三十多年

间，皇家的园林建设工程几乎没有间断过，新建、扩建的大小园林分布在北京皇城、宫城、近郊、远郊以及塞外等地。营建规模之大，确乎是宋、元、明三朝所未见的。

北京城内的几处御园，有的仍保留清早期原貌，有的则做了改建和局部增损。但这仅仅是乾隆时期皇家园林建设的一小部分，大量的则是分布在北京城郊及畿辅、塞外各地的离宫御苑。北京西北郊和承德两地尤为集中，无论就它们的规模还是内容而言，均足以代表着清一代宫廷造园艺术的精华。

乾隆时期的西北郊，已经形成一个庞大的皇家园林集群（图8）。其中规模宏大的五座 —— 圆明园、畅春园、香山静宜园、玉泉山静明园、万寿山清漪园 —— 就是后来著名的"三山五园"。最大的圆明园占地三百余公顷，最小的静明园也有六十五公顷。它们都由乾隆亲自主持修建或扩建，精心规划精心施工。可以说，"三山五园"汇聚了中国风景式园林的全部形式，代表着后期中国宫廷造园艺术的精华。圆明园附近又陆续建成许多私园和赐园，连同康雍时期留下来的一共有二十余座。在西起香山、东到海淀、南临长河的辽阔范围内，极目所见皆为馆阁连属、绿树掩映的名园胜苑。这是一个巨大的园林之海，也是历史上罕见的皇家园林特区。

北京西北郊以外的远郊、畿辅以及塞外地区，新建成或经过扩建的大小御苑亦不下十余处，其中比较大的是南苑、避暑山庄和静寄山庄。

1. 静宜园　　　7. 畅春园　　　13. 淑春园　　　19. 乐善园
2. 静明园　　　8. 西花园　　　14. 朗润园　　　20. 倚虹园
3. 清漪园　　　9. 蔚秀园　　　15. 近春园　　　21. 万寿寺
4. 圆明园　　　10. 承泽园　　　16. 熙春园　　　22. 碧云寺
5. 长春园　　　11. 翰林花园　　17. 自得园　　　23. 卧佛寺
6. 绮春园　　　12. 集贤院　　　18. 泉宗庙　　　24. 海淀

— 8

乾隆时北京西北郊主要园林分布图

　　清漪园为颐和园的前身，始建于清乾隆十五年（1750）。这是一座以万寿山、昆明湖为主体的大型天然山水园（图9），占地面积二百九十公顷。

　　万寿山即瓮山，昆明湖即西湖。湖中布列着一条长堤——西堤及其支堤，三个大岛，三个小岛。三个大岛摹拟传说中的海上三仙山——蓬莱、方丈、瀛洲，保留着汉代以来皇家园林的传统模式。

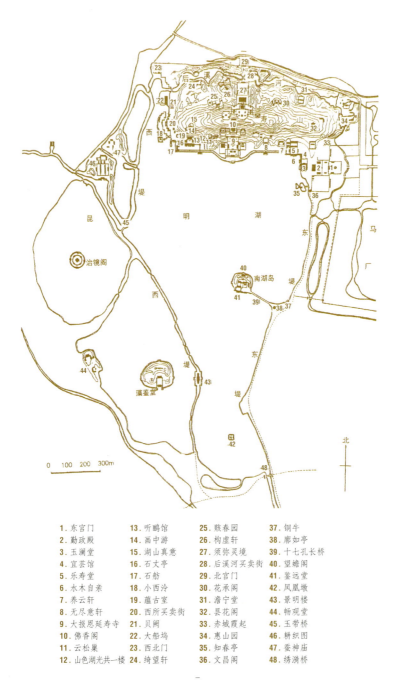

1. 东宫门	13. 听鹂馆	25. 赅春园	37. 铜牛
2. 勤政殿	14. 画中游	26. 构虚轩	38. 廓如亭
3. 玉澜堂	15. 湖山真意	27. 须弥灵境	39. 十七孔长桥
4. 宜芸馆	16. 石大亭	28. 后溪河买卖街	40. 望蟾阁
5. 乐寿堂	17. 石舫	29. 北宫门	41. 鉴远堂
6. 水木自亲	18. 小西泠	30. 花承阁	42. 凤凰墩
7. 养云轩	19. 蕴古室	31. 澹宁堂	43. 景明楼
8. 无尽意轩	20. 西所买卖街	32. 昙花阁	44. 畅观堂
9. 大报恩延寿寺	21. 贝阙	33. 赤城霞起	45. 玉带桥
10. 佛香阁	22. 大船坞	34. 惠山园	46. 耕织图
11. 云松巢	23. 西北门	35. 知春亭	47. 蚕神庙
12. 山色湖光共一楼	24. 绮望轩	36. 文昌阁	48. 绣漪桥

9

清漪园平面图

清漪园的总体规划以杭州的西湖作为蓝本，昆明湖的水域划分、万寿山与昆明湖的位置关系、西堤在湖中的走向以及周围的环境都很像杭州西湖。为了扩大昆明湖的环境范围，湖的东、南、西三面均不设宫墙。因此，园内园外之景得以连成一片。玉泉山与昆明湖万寿山构成一个有机的风景整体，很难意识到园内园外的界限。宫廷区建置在园的东北端，东宫门也就是园的正门，宫廷区以西便是广大的苑林区，以万寿山脊为界又分为南、北两个景区：前山前湖景区和后山后湖景区。

前山前湖景区占全园面积的绝大部分，前山即万寿山南坡，前湖即昆明湖，这是一个自然环境极其开朗的景区。前山有很好的朝向和开阔的视野，位置又接近宫廷区和东宫门，因而成为景区内的建筑荟萃之地。建置在前山中央部位的大报恩延寿寺（图10），从山脚到山顶密密层层地将山坡覆盖住，构成前山的一组庞大的中央建筑群。

中央建筑群的东、西两侧疏朗地散布着十余处景点，建筑体量较小，形象较朴素而多样，布置较灵活自由，从前山的东、西两面烘托着中央建筑群。通过对比，后者愈显其端庄典丽的皇家气派。前湖广阔的水面，由西堤及其支堤划分为三个水域。东水域最大，它的中心岛屿南湖岛以一座十七孔的石拱长桥连接东岸。

后山后湖景区仅占全园面积的九分之一。后山即万寿山的北坡，山势起伏较大；后湖即界于山北麓与北宫墙之间

10
大报恩延寿寺的延寿塔想象图

的一条河道。这个景区的自然环境幽闭多于开朗，故景观亦以幽邃为基调。后山中央部位建置大型佛寺须弥灵境，与跨越后湖中段的三孔石桥和北宫门构成一条纵贯景区南北的中轴线。在它的东、西两侧的山坡和山麓散布着许多小景点，掩映在苍郁的树丛之中，均能结合于局部地形而极尽其变化之能事，其中大多数是自成一体的小园林的格局。后湖的河道蜿蜒流淌于后山北麓，在这近千米的河道上，但凡两岸山势平缓的地方水面必开阔，山势高耸夹峙则水面收聚甚至形成峡口。修建时利用多处的收放把河道的全程障隔为六个段落，每段水面形状各不相同，但都略近于小湖泊的轮廓。经过这种分段收束，化河为湖的精心改造之后，漫长的河身

11

颐和园地盘图中后溪河的曲折水道（原图国家图书馆藏）

12

颐和园后湖景致

遂免于僵直单调的感觉，增加了开合变化的趣味（图11、图12），把自然界山涧溪河的景象和各种人工建置，有节奏地交替展示出来。后湖的中段，两岸店铺鳞次栉比。这就是模仿江南河街市肆的买卖街，又名"苏州街"，形成一个完整的水镇格局，也展示了皇家园林内的一处特殊景观。

圆明园于乾隆二年（1737）在雍正时期已建成的基础上加以扩建，稍后，又于其东邻和南邻建成长春园与绮春园，合称"圆明园"，也叫作"圆明三园"，总面积三百五十余公顷。

圆明三园都是水景园，园林造景大部分是以水面为主题，因水而成趣的。三园都由人工创设的山水地貌作为园林的骨架，回环萦流的河道把这些大小水面串联为一个完整的河湖水系，构成全园的脉络和纽带，提供了舟行游览和水路供应的方便。叠石而成的假山，聚土而成的冈、阜、岛、堤，散布于园内，约占全园面积的三分之一。它们与水系相结合，把全园分划为山复水转、层层叠叠的近百处的自然空间，其本身就是烟水迷离的江南水乡的全面而精练的再现，正所谓"谁道江南风景佳，移天缩地在君怀"（王闿运《圆明园宫词》）。三园之内，大小建筑群总计一百二十余处，它们的群体组合极尽变化之能事，但又万变不离其宗，都以院落的布局作为基调，把中国传统建筑院落布局的多变性发挥到了极致。它们分别与那些自然空间和局部山水地貌相结合，从而创造出一系列丰富多彩、性格各异的景点。这一百二十多个景点中的大部分都是具有相对独立性的体形环境，无论设置墙垣与否，都可以视为独立的小型园林即园中之园。因此而形成圆明园的大园含小园、园中又有园的独特集锦式总体规划。

长春园内靠北宫墙的一线即著名的西洋楼，包括六幢西洋建筑物，三组西洋大型喷泉，若干庭园和点景小品，由当时供奉内廷如意馆的欧洲籍传教士设计监造。它是一个以欧洲风格为基调，融汇了部分中国风格的建筑和园林的作品；是既凝聚着欧洲传教士的心血，也包含中国匠师的智慧和创造的结晶。西洋楼是自元末明初欧洲建筑传播到中国以来的第一个具备群组规模的完整作品，也是把欧洲和中国这两个建筑体系和园林体系加以结合的首次创造性的尝试。这在中西文化交流方面，是有一定历史意义的。

避暑山庄远在塞外承德，康熙时已基本建成，乾隆时在原来的范围内增加新的建筑，增设新的景点。扩建工程从乾隆十六年（1751）一直持续到乾隆五十五年（1790），历时三十九年才全部完成。避暑山庄在清代皇家诸园中是规模最大的一座，占地五百六十四公顷，总体布局按前宫后苑的规制，宫廷区设在南面，其后即为广大的苑林区。苑林区包括三大景区：湖泊景区具有浓郁的江南情调，平原景区呈现塞外草原景观，山岳景区象征北方的名山。真是移天缩地，融冶荟萃南北风景于一园之内！蜿蜒于山地的宫墙犹如万里长城，园外有若众星拱月的外八庙分别为藏、蒙古、维吾尔、汉的民族形式。园内外的这整个浑然一体的大环境就无异于以清王朝为中心的多民族大帝国的缩影。山庄不仅是一座避暑的园林，也是塞外的一个政治中心，从它的地理位置和进行的政治活动来看，后者的作用甚至超过前者，乾隆就曾明确说过："我皇祖建此山庄于塞外，非为一己之豫游，盖贻万世之缔构也。"

乾隆时期，精湛的宫廷造园技艺结合于宏大的园林规模，使得皇家气派得以更充分地凸显出来，因此，宫廷园林艺术的精华差不多都集中在以清漪园、避暑山庄、圆明园这三大杰作为代表的大型宫苑。它们在继承上代传统和康熙新风的基础上又有所发展和创新，主要表现在：独具壮观的总体规划；突出建筑形象的造景作用；全面引进江南园林的技艺；复杂多样的象征寓意。正由于这四方面的成就，乾隆朝得以最终完成肇始于康熙的皇家园林建设高潮，把宫廷造园艺术推向更高的境地。它与江南的私家园林，共同形成中国古典园林史上南北并峙的两个高峰。

清中叶到清末，就全国范围的宏观而言，形成江南、北方、岭南三大地方风格鼎峙的局面，其他地区的园林受到三大风格的影响，又出现各种亚风格。少数民族中的藏族园林风格，亦已初具雏形。这许许多多地方风格，都能够结合于各地的人文条件和自然条件，具有浓厚的乡土气息，蔚为百花争艳的大观。私家园林的乡土化意味着造园活动的普及化，也反映了造园艺术向广阔领域的大开拓。三大地方风格之中，在造园艺术和技术上居首席地位的当推江南园林。而江南园林之精华则又荟萃于苏州与扬州两地，其保存数量之多、质量之高均为全国之冠。现举苏州四大名园中的拙政园为例。

　　拙政园在苏州娄门内，始建于明中期，现状则是清末重建的，包括三部分：西部的补园；中部的拙政园紧邻于邸宅之后，呈前宅后园的格局；东部的原归田园居重加修建为新园。全园总面积为四点一公顷，是一座大型宅园（图13）。

　　中部的拙政园是全园的主体和精华所在，水体约占其面积的五分之三。水面广，故建筑物大多临水，借水赏景，因水成景。水多则桥多，桥皆平桥，取其横线条能协调于平静的水面。靠北的主景区即是以大水面为中心而形成的一个开阔的山水环境，再利用山池、树木及少量的建筑物划分为若干互相穿插、处处沟通的空间层次，因而游人所领略到的景域范围仿佛比实际的要大一些。自然生态的野趣十分突出，尚保留着一些宋明以来的平淡简远的遗风，靠南的若干次景区则多是建筑围合的比较内聚的空间，建筑的密度较大，提供园主人生活和园居活动的需要。它们都邻近邸宅，实际上是邸宅的延伸。很明显，园中部的建筑布局是采取"疏处可走马，密处不透风"的办法，以次景区的"密"来反衬主景区的"疏"；既保证了后者的宛若天成的大自然情调，又解决了因园林建筑过多而带来的矛盾。

　　中部的主体建筑物远香堂（图14），周围环境开阔。堂北临水为月台，闲立平台隔水眺望东与西两岛（图15），小亭屹立，磊石玲珑，林木苍翠，最是赏心悦目。夏天芙蕖满池，清香远溢，故取宋代著名理学家周敦颐《爱莲说》中"香远益

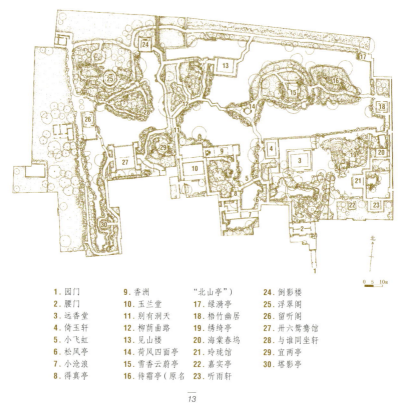

1. 园门
2. 腰门
3. 远香堂
4. 倚玉轩
5. 小飞虹
6. 松风亭
7. 小沧浪
8. 得真亭

9. 香洲
10. 玉兰堂
11. 别有洞天
12. 柳荫曲路
13. 见山楼
14. 荷风四面亭
15. 雪香云蔚亭
16. 待霜亭（原名

"北山亭"）
17. 绿漪亭
18. 梧竹幽居
19. 绣绮亭
20. 海棠春坞
21. 玲珑馆
22. 嘉实亭
23. 听雨轩

24. 倒影楼
25. 浮翠阁
26. 留听阁
27. 卅六鸳鸯馆
28. 与谁同坐轩
29. 宜两亭
30. 塔影亭

13

拙政园中部及西部平面示意图
（孟兆桢《中国园林鉴赏》）

清，亭亭净植"句之意，题名为：远香堂。它与西岛上的雪
香云蔚亭隔水互成对景，构成园林中部的南北中轴线。

　　西部的补园亦以水池为中心，水面呈曲尺形，以散为
主，聚为辅，理水的处理与中部截然不同。池东北的一段为
狭长形的水面，西岸延绵一派自然景色的山石林木，东岸沿
界墙构筑水上游廊——水廊（图16）。其随势曲折起伏，体

—
14

远香堂

—
15

西岛

水廊

态轻盈仿佛飘然凌波。水廊北端连接于倒影楼（又名拜文揖沈之斋），作为狭形水面的收束。它的前面的左侧以轻盈的水廊，右侧以自然景色作为烘托陪衬，倒影辉映于澄澈的水面，构成极为生动活泼的一景。

　　这个时期，私家造园技艺的精华差不多都荟萃于像拙政园这样的宅园。宅园无论在数量上或质量上均足以成为私家园林的代表。这种情况表明了市民文化的勃兴，人们把目光更多地投向城市中的咫尺山林，也反映出私家造园由早先的自然化为主逐渐演变为人工化为主的倾向，同时又受到封建末世的过分追求形式美和技巧性的艺术思想的影响。园林里面的建筑密度较大，山石用量较多，大量运用建筑物来围合、分隔园林空间，或者在建筑围合的空间内经营山池花木。这种做法，一方面固然得以充分发挥建筑的造景作用，促进了叠山技法的多样化，有助于各式园林空间的创设；另一方面则难免或多或少地削弱园林的自然天成的气氛，增加了人工的意味，助长了园林创作的形式主义倾向，有悖于风景式园林的主旨。

寺观园林这个类型的发展仍沿袭宋代的余绪，虽然遍及全国各地，在内容上则多为守成，少有创新。

从19世纪的中叶开始，传统的古典园林也经历了由盛而衰的大转折。咸丰十年（1860），英法联军劫掠，焚毁圆明园及北京西北郊诸园，昔日的园林之海遭到毁灭性的破坏。同治十二年（1873），同治帝以奉养两宫太后为名，下诏修复圆明园，但工程进行不久，由于国库空虚，统治阶级内部意见分歧而不得不于次年停工。至于其他的行宫御苑，就更没有力量去修复了。光绪十四年（1888），光绪帝发布上谕重修清漪园，改名颐和园，作为西太后"颐养天年"的离宫。这时候，内忧外患频仍，列强已完全控制中国的经济命脉，国内吏治腐败，灾疫流行，民不聊生。清政府的财力已处于枯竭状态，修复颐和园只能依靠挪用兴办新式海军的造舰经费，才得以勉强完成。光绪二十六年（1900），八国联军占领北京，洗劫宫禁，各处御苑均遭到不同程度的破坏。光绪二十七年（1901），清政府与各国签订《辛丑条约》，八国联军撤出北京。之后，西太后返回北京，立即动用巨款将残破的颐和园加以修缮，稍后又对西苑的南海进行一次大修，继续在这两处御苑内过着穷奢极欲的生活。其他的行宫御苑，则任其倾圮，就连经常性的修缮亦完全停止。由于管理不严，残留的建筑物陆续被拆卸盗卖，劫后的遗址逐年泯灭。到清亡，大部分均化为断壁残垣、荒烟蔓草、麦垄田野了。同治年间，清廷平息了太平天国、捻军等农民起义，出现所谓"同治中兴"的短暂局面。封建地主阶级中的大军阀、大官僚的新兴势力以及满蒙王公贵族，利用平息农民起义所取得的权势而进行疯狂掠夺和大量土地兼并，在江南、北方、湖广等地，掀起一个兴建巨大华丽邸宅的建筑潮流。这股潮流又扩张到大地主、大商人阶层中，一直延续到清末的光、宣年间。华丽的邸宅必然伴随着私家园林的经营作为主要内容，以求得更多的物质和精神享受。于是，同、光年间的私家造园活动又再度呈现蓬勃兴盛的局面，然而园林只不过维持着传统的外在形式，作为艺术创作的内在生命力已经是愈来愈微弱了。

中国古典园林是中国的封建农业经济、封建集权政治的产物，农业经济和集权政治成为决定前者性质的根本基因。中国古典园林又是封建文化的一个组成部分，作为文化形态之一，必然要受到其他众多封建文化形态的不同程度的影响和浸润。因此，在地主小农经济普遍发达、皇帝集权政治机制完善、封建文化臻于造极境地的宋代，园林及其造园艺术也相应地发展到了完全成熟的状态。若从宏观的、总体的高度来加以审视，宋代实为中国古典园林全部历史进程的分水岭。宋代以前的一段——生成期、转折期、全盛期，造园思想与造园技术均展示出十分活跃的态势，两者同步发展，相辅相成，园林的演进充满了向上的活力和旺盛的生机，有时甚至呈现为波澜壮阔的局面。宋代以后的一段——成熟期、成熟后期，园林的演进则显示更多的平和、稳重，仿佛江河之缓缓流淌，积淀了辉煌灿烂的成就，同时也缓慢地暴露出由平稳而趋于衰减的势头。造园技术得以长足发展，造园思想却相对地日益萎缩。到成熟后期，技术失去了思想的支撑，园林终于脱不开其衰微的命运。

19世纪末，中国受到帝国主义列强的军事侵略、经济掠夺、政治控制而导致封建社会完全解体，封建文化日趋没落。相应地，古典园林的发展也凸显其衰微的状态。20世纪前半叶，西方的现代园林伴随着西方文化大量传入中国。它作为世界性的文化潮流所形成的强大冲击波，引起了古典园林由现代化的启蒙而导致急剧的变革。中国园林体系的发展遂因此而结束了它的古典时期，进入另一个全新的现代园林的时期。

以画入园
因画成景
——中国园林的特点 *

中国远在秦汉时期就已经利用自然山水或者摹仿自然山水作为园林造景的主题，这比西方18世纪兴起的英国风景式园林要早两千多年。

帝王的苑与囿是早期中国园林的主流，规模虽然很大，但内容都比较粗放。到两晋南北朝，由于政治动乱，佛教和道家学说盛行，士大夫知识阶层普遍地崇尚隐逸，向往自然，寄情山水。东南一带的秀丽风景相继开发出来，人们对自然美的鉴赏能力提高了，讴歌自然景物、田园风光的诗文涌现于文坛，山水画也开始萌芽。这些，都给予园林以很大的潜移默化。另一方面，身居庙堂的官僚士大夫们并不满足于一时的游山玩水，他们要求长期享受，占有大自然的山林野趣。风景式园林正好能够适应这种要求，于是乎官僚们纷纷造园，地主及富商也竞相效尤，私家园林便应运兴盛起来。《洛阳伽蓝记》记载了北魏的首都洛阳城内，贵族显

---

* 原载《美术》1981年7月，此次收入时略有增删。

宦"擅山海之富，居川林之饶。争修园宅，互相夸竞。崇门丰室，洞户连房。飞馆生风，重楼起雾，高台芳树，家家而筑，花林曲池，园园而有。莫不桃李夏绿，竹柏冬青"。当时私园之盛况，于此可见一斑。

私家造园，特别是依傍于城市邸宅的宅园，由于受到地段条件、经济力量和封建礼法的限制，规模不可能太大。唯其小而又要全面体现大自然山水的景观，这个矛盾历经匠师们长时期的探索并借鉴于山水画的创作方法才逐渐得以解决。唐代以后，写意画派的简约（即以最省略的笔墨获取深远广大的艺术效果的画理）与造园实践相结合，从而形成后者规划设计的章法。园林也就能够像绘画那样"竖画三寸，当千仞之高，横墨数尺，体百里之迥"（宗炳《画山水序》），于咫尺之地凿池堆山而将"百里之迥"再现于一园之内。这种能于小中见大的精致的造园艺术也影响及于皇家园林，中国园林遂沿着这条道路在更高的水平上向前发展，到明清时期而臻于十分成熟的境地。人所共知的苏州园林和北京的颐和园就是这个时期的私家园林和皇家园林的代表作品，它们也集中地展示了中国园林的两种主要形式——人工山水园和天然山水园在造园艺术和技术方面的造诣和成就。

自然风景以山水为地貌基础，以植物被覆作为装点。山水植物乃是构成自然风景的基本要素，也是风景式园林的构景要素。但中国园林绝非一般地利用或者简单地摹仿这些构景要素的原始状态，而是有意识地加以改造调整，加工剪裁，从而再现一个精练、概括的自然，典型化的自然。唯其如此，像颐和园那样的大型天然山水园才能够把具有典型性格的江南湖山景观在北方的土地上再现出来。这就是中国园林的主要特点之一 —— 本于自然而又高于自然。这个特点在平地起造的人工山水园的叠山、理水、植物配置方面表现得尤为突出。

自然界的山岳，以其丰富的外貌和广博的内涵而成为大地景观的最重要的组成部分。相应地，在人工山水园林的地形整治工作中，筑山便成了一项最重要的内容，历来造园都极为重视。筑山即堆筑假山，园林内堆筑假山，由来已久。（图1）唐以前大抵以土山为主，唐宋时大量使用天然石块筑山，到元明而发展成为一种专门技艺 —— 叠山（江南叫作掇山）。匠师们各以不同的堆叠风格而形成流派，广泛采用各种造型、纹理、色泽的石材，尤以产于太湖、在水中经浪激波涤年久而孔穴丛生的太湖石最为名贵。于是，造园几乎离不开石，所谓"无园不石"了。石的本身也成了文人鉴赏品玩的对象，以石而创为盆景艺术、案头清供，宋以后还刊行了多种的石谱。

现存的许多优秀的叠山作品，如苏州环秀山庄的太湖石假山、上海豫园的黄石假山、北京北海镜心斋的北太湖石假山，最高不过六七米，都是以小尺度而创造峰、峦、岭、岫、壑、谷、悬崖、峭壁等的形象写照。从它们的堆叠章法和构图经营上，既能看到天然山岳构成规律的概括提炼，

一
1

临水假山（黄晓供图）

也能看到诸如"布山形，取峦向，分石脉"（荆浩《山水节
要》），"主峰最宜高耸，客山须是奔趋"（王维《山水诀》）
等的画理乃至于某些笔墨技法如斧劈皴（黄石假山）、荷叶
皴（湖石假山）、矶头、点苔等的摹拟。可以说，叠山艺术
把借鉴于山水画的"外师造化，中得心源"的写意方法在三
度空间的情况下发挥到了极致。因而能在很小的地段上展现
咫尺山林的局面，幻化千岩万壑的气势（图1）。它既是园林
里面再现自然的重要手段，也是造园之表现画意、以画入景
的主要内容。正因为"画家以笔墨为丘壑，掇山以土石为皴
擦。虚实虽殊，理致则一"（计成《园冶》），所以著名的叠
山匠师大都精于绘事。例如清初的张南垣，即"以意创为假
山，以营丘、北苑、大痴、黄鹤画法为之，峰壑湍濑，曲折

2

山石驳岸（扬州个园北部抱山楼前，黄晓供图）

平远，经营惨澹，巧夺化工"（王士贞《居易录》）。

　　这种具有完整山形的大假山一般都是以石包土的土石山。作为园林的主景，山上建置小巧玲珑的楼台亭榭，栽种树木，设磴道便于盘曲登临，做洞穴可以蜿蜒入内。

　　另一类假山纯粹以石堆叠为较小的体量，其构图经营与山水画中画石章法的大小顾盼、联络向背等如出一辙，则是分隔园林空间的屏障，或者点缀于小院、天井、廊间、屋隙而成为婉约的山石小品，或者做成护坡、驳岸（图2）。若衬托在白粉墙垣的前面，无异于直接"借以粉壁为纸，以石为绘"（计成《园冶》），更为楚楚动人。

　　一整块姿态奇突的石头常常单独用作园林的露天陈设，颇类似现代的抽象雕刻，但仍保持着山形特征，即所谓一拳则太华千寻，故又叫作"峰石"。北宋赵佶（宋徽宗）在汴梁（今开封）修建御苑艮岳，曾派人到江南一带大量搜罗太湖石。其中的许多峰石"高广数丈，载以大舟，挽以千夫；凿河拆桥，毁堰拆闸；数月乃至"（袁褧《枫窗小牍》），然后把它们集中于园内的一区仿佛石林。最大一块名"神运峰"，由皇帝赐予"盘固侯"的爵位。扬州的九峰园因九块峰石而得名，苏州留园的五峰仙馆、浣云沼、揖峰轩均以峰石而成景，足见中国园林之重视峰石的单置。峰石以太湖石为上品，文人把它的形象概括为"漏、透、瘦、皱"四字，这四个字也就相沿而成为选择和评价太湖石的标准。

如今，南北园林中尚保存着不少著名的峰石。如杭州文澜阁的"美女峰"，亭亭玉立在水池中央。上海豫园的"玉玲珑"，苏州留园的"冠云峰"（图3），北京颐和园乐寿堂的"青芝岫"，都是庭院的主要点缀。峰石与假山相结合则表现了异峰突起的景象，也常安置在门窗洞口或道路的转折处而成为对景。

水体在大自然的景观构成中是一个重要的因素，它既有静止状态的美，又能显示流动状态的美，因而也是一个最活跃的因素。山与水的关系密切，山嵌水抱一向被认为是最佳的成景态势，也反映了阴阳相生的辩证哲理。这些情况都体现在古典园林的创作上，一般说来，有山必有水，筑山和理水不仅成为造园的专门技艺，两者之间相辅相成的关系也是十分密切的。

$\frac{}{3}$

留园之峰石（"冠云峰"）

园林里面开凿的各种水体都是自然界河湖溪涧泉瀑的艺术概括，人工理水务必做到"虽由人作，宛自天开"（计成《园冶》）。哪怕再小的水面，如像苏州残粒园的小池面积不过三十平方米多一点，亦必曲折有致并以山石点缀为驳岸石矶。有的还故意做出一弯港汊水口，以显示源流脉脉，疏水若为无尽。在有限的空间之内尽量写仿天然水景的全貌，这就是"一勺则江湖万里"（文震亨《长物志》）的立意。稍大一些的水面如苏州的拙政园，必堆筑小岛、架设平桥；再大的如颐和园昆明湖则长堤蜿蜒，岛屿布列；造成水面的聚散开合和层次变化来表现有如山水画的"平远"的迷蒙景象。

在自然风景中，山因水而幽，水依山乃活，二者往往

相辅相成。同样道理，人工山水园的叠山与理水也是紧密结合、相得益彰的。水池一般都濒临着假山，或以水道弯曲而折入山坳，或由深涧破山腹而入于水池，或山岙拱伏而曲水潆流⋯⋯凡此种种，都合于"山脉之通，按其水境，水道之达，理其山形"（笪重光《画筌》）的画理。

中国园林的植物配置，尽管姹紫嫣红，争奇斗艳，但都以树木为主调；因为翳然林木最能让人联想到自然界的发荣繁茂的生态。像西方之以花卉为主的花园，则是比较少的。栽植树木不讲求成行成列，但亦不是随意参差；乃"必以虬枝古干，异种奇名，枝叶扶疏，位置疏密；或水边石际，横偃斜披，或一望成林，或孤枝独秀⋯⋯"（文震亨《长物志》），务求其在姿态和线条方面既显示自然天成，又表现绘画意趣。因此，树木和花卉的选择，很受文人画所标榜的"古、奇、雅"的格调的影响，讲究体态潇洒，色香清隽，堪细味品玩，有象征寓意、拟人化而赋予不同性格和品德的，且多采用常入诗画的品种如"岁寒三友""四君子"之类。

英国园林与中国园林同为风景式园林，二者都以大自然作为创作的本源。但前者是理性的、客观的写实，侧重于再现大自然风景的具体实感，审美感情则蕴含于被再现的物象的总体之中；后者为感性的、主观的写意，侧重于表现主体对物象的审美感受和因之而引起的审美感情。英国园林之创作，原原本本地把大自然的构景要素经过艺术的组合，相

应于用地的大小而呈现在人们的眼前。中国园林的创作则是通过对大自然及其构景要素的典型化、抽象化而传达给人们以自然生态的信息，它不受地段的限制，能于小中见大，也可大中见小。

总之，本于自然高于自然是中国古典园林创作的主旨，目的在于求得一个概括、精练、典型而又不失其自然生态的山水环境。这样的创作又必须合乎自然之理，方能获致天成之趣；否则就不免流于矫揉造作，犹如买椟还珠，徒具抽象的躯壳而失却风景式园林的灵魂了。

为了适应园主人居住、游憩、生活的多方面的需要，中国园林里面的建筑物比较多，类型也复杂。举凡殿、堂、厅、馆、轩、榭、亭、台、桥、廊等，不论其性质功能如何，都能够与山、水、花、木有机地组织在一系列风景画面之中，突出彼此协调、互相补充的积极的一面，限制彼此对立、互相排斥的消极的一面，甚至能够把后者转化为前者，从而在园林总体上使得建筑美与自然美融糅起来，达到一种人工与自然高度协调的境界——天人谐和的境界。中国园林之所以能够把消极的因素转化为积极的因素以求得建筑美与自然美的融糅，从根本上来说当然应该追溯其造园的哲学、美学乃至思维方式的主导，但中国传统木构建筑本身所具有的灵活性和随宜性也为此提供了优越条件。因此，在许多情况下，建筑往往是一处景观的重点所在，甚至是全园的构图中心，没有建筑也就不成其为景，无以言园林之赏心悦目了。

$\dfrac{}{4}$

颐和园的排云殿佛香阁

　　建筑美与自然美的融糅乃是中国园林的另一个主要特点。

　　在园林空间比较开阔的情况下，建筑物作为构景要素，其作用主要在于点景和观景。颐和园的万寿山昆明湖，那璀璨瑰丽的殿堂台阁把湖光山色点染得何等凝练生动，恰似园内一副对联的描写："台榭参差金碧里，烟霞舒卷画图中。"（图4）这与画论所谓"楼台殿宇乃山水之眉目，当在开面处为之"（郑绩《梦幻居画学简明》）是一样的道理。正因为点景的建筑占据着山水的"开面"部位，它们往往也是观景的特定场所，能够看得远看得尽。例如，从佛香阁的回廊俯瞰湖景，但见湖中的长堤蜿蜒如带，诸岛星列，平畴田野延展及于天际，宛若一幅如锦似绣的江山图卷。（图5）

5

自佛香阁俯瞰园景

　　在环境幽寂的地段或者小型的庭园，则利用建筑物虚实高低错落的连续展开，辅以山石花木，环绕着一泓清池、一弓隙地而围合成为内聚的园林空间。环状的回游路线诱导人们往近处看，往身边的细致处看，另具一番亲切宁静的气氛。苏州的许多小庭园即是这种情况，建筑物以粉墙、灰瓦、赭黑色的修饰、通透轻盈的体态衬托掩映在竹树山池间，其淡雅韵致有如水墨渲染，与颐和园的金碧重彩、磅礴气势又迥然不同。

　　即使较大的人工山水园也多半采用化整为零的集锦式的布局，利用传统木构架建筑群体组合的灵活性，穿插以山石花木而将全园分划为一系列各具不同景观特色的大大小小的空间——景区。景区之间，曲径通幽，有弯曲的道路为之联络；更以对景、障景的手法而形成似隔非隔的联系。由于这些有形的联络和无形的联系，人们被引导着从一处景观经由峰回路转而达到另一处始料未及的、全然不同意趣的景观。这种扑朔迷离、步移景异的游动观赏仿佛把有限的地段开拓至无限的深远，最是耐人寻味。如果其中的某些景区具备完整小园林的格局，这就成了大园之中包含着若干小园，即所谓园中园的特殊规划。著名的圆明园，它的一百余个景区之中约半数是自成一体的小园林，因此而被誉为"万园之园"。

匠师们为了更密切地把建筑谐调、融糅于自然环境而创造出许多别致的建筑形象和细节处理。例如，临水的舫或船厅即模仿舟船的形式以突出园林的水乡风貌（图6）。江南地区水网密布，舟楫往来成为城乡最常见的景观，故园林中这种建筑形象也运用最多。廊本来是联系建筑物、划分空间的手段，园林里面的那些揳入水面、飘然凌波的水廊，通花渡壑的游廊，蟠蜿山际、随势起伏的爬山廊等各式各样的廊子，好像纽带一般把人为的建筑与天成的自然贯穿联系起来。常见山石包镶着房屋的一角，堆叠在平桥的两端，甚至代替台阶、楼梯、柱墩等建筑构件，则是建筑物与自然环境之间的过渡与衔接。沿墙的空廊在一定的距离上故意拐一个弯而留出小天井，随宜点缀竹石芭蕉之类，顿成绝妙小景。那白粉墙上所开的种种漏窗，阳光

图
6
拙政园之舫

透过，图案倍觉玲珑明澈。而在诸般样式的窗洞后面衬以山石数峰，花木几本，有如小品册页即所谓"无心画""尺幅窗"的，尤为精彩。（图7）

总之，优秀的园林作品，无论建筑物多么密集，都不会让人感觉到囿于建筑空间之内。虽然处处有建筑，却处处洋溢着大自然的盎然生机。这种情况，反映了中国人对待自然的谐和态度之深受道家"为而不恃，长而不宰"（老子《道德经》）的影响，在一定程度上反映了传统的天人合一的哲学思想。倘若对比欧洲曾经风靡一时的规整式园林，那对称的布局，到处是几何图案，一切都纳入建筑轴线的控制如巴黎的凡尔赛宫，相形之下则可以明显看出东西方艺术所表现

7
拙政园的尺幅窗

的全然不同的审美观念。

封建时代的中国传统的建筑环境，大至城市，小至住宅的院落单元，人们所接触到的大部分一正两厢的对称均齐的布局在很大程度上乃是封建礼制的产物。而园林作为这样一个严整的建筑环境的对立面，却长期与之并行不悖地发展着。这就从一个侧面说明了儒道两种思想在我国文化领域内的交融，也足见中国园林艺术通过曲折隐晦的方式反映出人们企望摆脱封建礼教的束缚，憧憬返璞归真的意愿。明代大官僚王献臣在苏州修建拙政园即寓有"拙者为政"之意，曹雪芹笔下的大观园不正是为封建礼教的叛逆者贾宝玉和众姊妹无拘无束地生活而创造的伊甸园吗？

如上所述，中国园林的造景一方面是自然风景的提炼、

留园石林小院剖视（选自刘敦桢《苏州古典园林》）

概括、典型化，另一方面又参悟于绘画的理论和技法而以山、水、花、木和建筑创为三度空间的立体布局（图8）。如果说，中国的山水画是自然风景的升华，那么，园林则把升华了的自然山水风景又再现到人们的现实生活中来。这比起在平面上做水墨丹青的描绘，当然要复杂一些——因为造园必须解决一系列的实用与工程技术问题，也困难一些——因为园林景物不仅要从固定的角度去观赏，而且要游动着观赏，从上下前后左右各方观赏，进入景中观赏，甚至园内之景，观之不足还要把园外之景收纳作为园景的组成部分，即所谓借景。所以，不能说每一座中国园林的规划设计都恰如其分地做到以画入园，因画成景。而优秀的造园作品确乎能予人以置身画境、如游画中的感受。倘若按照郭熙的说法："世之笃论，谓山水有可行者，有可望者，有可游者，有可居者；

画凡至此，皆入善品；但可行可望不如可游可居之为得。"
（郭熙《林泉高致》）那么，这些园林就无异于可游可居的立
体图画了。线条作为中国画的造型基础，这种情况也同样存
在于中国园林这幅立体图画之中。比起英国园林或日本园林，
中国的风景式园林具有更丰富更突出的线的造型美——建
筑物的露明的木梁柱装修的线条，建筑轮廓起伏的线条，坡
屋面柔和舒卷的线条，山石有若皴擦的线条，水池曲岸的线
条，花木枝干虬曲的线条，等等，组成了线条律动的交响乐，
统摄整个园林的构图。正如各种线条统摄山水画面的构图一
样，这些线条也多少增益了园林的如画的意趣。

由此可见，中国绘画与造园之间关系之密切程度。这
种关系历经长久的发展而形成"以画入园，因画成景"的传
统，甚至不少园林作品直接以某个画家的笔意、某种流派的
画风引为造园的粉本。历来的文人和画家参与造园蔚然成
风，或为自己营造，或受他人延聘而出谋划策。专业造园匠
师亦努力提高自己的文化素养，有不少擅长于绘画的。流风
所及，不仅园林的创作，乃至品评、鉴赏亦莫不参悟于绘
画。明末扬州文人茅元仪看到郑元勋新筑的影园，觉得自己
藏画虽多，都不及此园之入画者，因而在《影园记》一文中
写道：

园者，画之见诸行事也。我于郑子之影园而
益信其说。

许多文人涉足于园林艺术，成为诗、书、画、园兼擅于一身的"四绝"人物。曹雪芹能于小说《红楼梦》中具体地构想出一座瑰丽的大观园，可算是杰出的"四绝"文人了。

中国艺术讲究触类旁通，诗文与绘画往往互为表里，所谓"诗中有画，画中有诗"。园林景观之体现绘画意趣，同时也蕴蓄着诗的情调——诗情画意。这景、情、意三者的交融形成了中国园林特有的艺术魅力。

园林组景务求含蓄曲折，忌讳一览无余。以颐和园为例，从东宫门入园，经由几重封闭的建筑院落，绕过仁寿殿南侧的一带土冈，一派湖光山色于不经意间呈现眼前。这种欲露先藏、欲放先收的布局手法，其本身即包含着起伏跌宕有如诗一般的韵律。后山那一条将近一公里长的河道——后湖，在一定的距离上设置峡口、石矶，把漫长的河身加以收束，障隔为一连串小湖面，夹岸青山的桃红柳绿中掩映着一座半座的码头和临水建筑。游人泛舟湖中，或漫步岸边，都宛若置身在"山重水复疑无路，柳暗花明又一村"的诗境里。诸如此类，最能激发人们情绪上的强烈共鸣。

古人诗文中的美妙场景经常被引为园林造景的题材，游人览景而涉文，因文而生情。圆明园内有"武陵春色"一景（图9），即以摹拟陶渊明《桃花源记》的文意而把一千多年前的世外桃源的形象具体地再现于人间。此外，还运用景名、匾额、楹联等文学手段对园景做直接的点题，而且借鉴文学艺术的章法、手法使得园林的规划设计颇多类似文学艺术的

9

圆明园四十景图之"武陵春色"

结构。正如钱泳所说："造园如作诗文，必使曲折有法，前后呼应；最忌堆砌，最忌错杂，方称佳构。"（钱泳《履园丛话》）园内的游览路线绝非平铺直叙的简单道路，而是运用各种构景要素于迂回曲折中形成渐进的空间序列，也就是空间的划分和组合。划分，不流于支离破碎；组合，务求其开合起承，变化有序，层次清晰。这种序列的安排一般必有前奏、起始、主题、高潮、转折、结尾，形成内容丰富多彩、整体和谐统一的连续的流动空间，表现了诗一般的严谨、精练的章法。在这种序列之中往往还穿插一些对比的手法，悬念的手法，欲抑先扬或欲扬先抑的手法，合乎情理而又出人意料，则更加强了犹如诗歌的韵律感。人们游览中国园林所得到的这种感受，往往仿佛朗读诗文一样地酣畅淋漓，而优秀的园林作品，则无异于凝固的音乐、无声的诗歌。

诗文与造园艺术最直接的结合莫过于匾和联了。这是中国园林的一种独特艺术形式，凡重要的建筑物上一般都有匾额和联对。它们以文字而点出景观的精粹所在，作者的借景抒情也感染游人从而激起他们的联想和移情。匾和联不仅文学内容十分丰富，其工艺形式也有多种的匠意，除了常见的长条形之外，还有蕉叶形的蕉叶联，竹节形的此君联以及书卷额、扇面额等。它们犹如绘画上的题跋一样，把诗文乃至书法艺术直接组织到园林景观之中。

诗情画意是中国园林的精髓，也是造园艺术所追求的最高境界。因此，过去的造园匠师们口授心传，多少都接受一些诗画方面的陶冶，而著名的造园家，如计成，张南垣父子，戈裕良，等等，更是精于此道。历来的文人画家也多有直接参与园林规划设计的，其中如唐代的王维、白居易，宋代的赵佶、司马光，元代的倪元镇，明代的米万钟，清初的石涛、叶洮、李渔等人，都知名于世。无怪乎18世纪时英国皇家建筑师钱伯斯（William Chambers）两度游历中国，观摩了一些园林之后要发出这样的议论：中国的造园家不光是园艺师，也"不像意大利和法国那样，任何一个不学无术的建筑师都可以造园"，而是画家、哲学家。（窦武《中国造园艺术在欧洲的影响》）旁观者清，这番话不无一定的道理。

意境是中国艺术的创作和鉴赏方面的一个极重要的美学范畴。简单说来，意即主观的理念、感情，境即客观的生活、景物。意境产生于艺术创作中此两者的结合，即创作者把自己的感情、理念熔铸于客观生活、景物之中，从而引发鉴赏者之类似的情感激动和理念联想。中国的传统哲学在对待"言""象""意"的关系上，从来都把"意"置于首要地位。先哲们很早就已提出"得意忘言""得意忘象"的命题，只要得到意就不必拘守原来用以明象的言和存意的象了。再者，汉民族的思维方式注意综合和整体观照，佛禅和道教的文字宣讲往往立象设教，追求一种"意在言外"的美学趣味。这些情况影响浸润于艺术创作和鉴赏，从而产生意境的概念。唐代诗人王昌龄在《诗格》一文中提出"三境"之说来评论诗（主要是山水诗）。他认为诗有三种境界：只写山水之形的为"物境"；能借景生情的为"情境"；能托物言志的为"意境"。近人王国维在《人间词话》中提出诗词的两种境界——有我之境、无我之境："有我之境，以我观物，故物皆着我之色彩。无我之境，以物观我，故不知何者为我，何者为物。"无论《人间词话》的"境界"，或者《诗格》的"情境"和"意境"，都是诉诸主观，由主客观的结合而产生。因此，都可以归属于通常所理解的意境的范围。

中国的诗画艺术十分强调意境。古代的诗坛上未曾出现过像西方史诗那样的鸿篇巨制，在中国诗人看来，诗是否表现时间上承续的情节并无关大局。他们讲究的是抒情表意，将情和意不做直叙而是借景抒情，情景结合。即使单纯描写景物的亦如此，故王国维说："一切景语皆情语也。"绘画重写意，贵神似，写意和神似都带有浓厚的主观色彩。在中国画家看来，形象的准确性是次要的，故苏东坡云："论画以形似，见与儿童邻。"重要的在于如何通过对客观事物的写照来表达画家的主观情思，如何借助对客观事物的抽象而赋予理念的联想。

不仅诗与画如此，其他的艺术门类都把意境的有无、高下作为创作和品评的重要标准，园林艺术当然也不例外。园林由于其与诗画的综合性、三维空间的形象性，其意境内涵的显现比之其他艺术门类就更为明晰，也更易于把握。

其实，园林之有意境不独中国为然，其他的园林体系如英国和日本的风景式园林，也具有不同程度的意境涵蕴，但其涵蕴的广度和深度，则远不逮中国古典园林。

意境的涵蕴既深且广，其表述的方式必然丰富多样。归纳起来，大体上有三种不同的情况：

一、借助于人工的叠山理水把广阔的大自然山水风景缩移摹拟于咫尺之间。所谓"一拳则太华千寻，一勺则江湖万里"不过是文人的夸张说法，这一拳一勺应指园林中的具有一定尺度的假山和人工开凿的水体而言，它们都是物象，由这些具体的石、水物象而构成物境。太华、江湖则是通过观赏者的移情和联想，从而把物象幻化为意象，把物境幻化为意境。相应地，物境的构图美便衍生出意境的生态美，但前提在于叠山理水的手法要能够诱导观赏者往"太华"和"江湖"方面去联想，否则将会导入误区，如晚期叠山之过分强调摹拟动物形象等。所以说，叠山理水的创作，往往既重物境，更重由物境而幻化、衍生出来的意境，即所谓"得意而忘象"。由此可见，以叠山理水为主要造园手段的人工山水园，其意境的涵蕴几乎是无所不在，甚至可以称之为"意境园"了。

二、预先设定一个意境的主题，然后借助于山水花木、建筑所构成的物境把这个主题表述出来，从而传达给观赏者以意境的信息。此类主题往往得之于古人的文学艺术创作、神话传说、遗闻轶事、历史典故乃至风景名胜的摹拟等，这在皇家园林中尤为普遍。

三、意境并非预先设定，而是在园林建成之后再根据现成物境的特征做出文字的"点题"——景题、匾、联、刻石等。通过这些文字手段的更具体、明确的表述，其所传达的意境信息也就更容易把握了。《红楼梦》第十七回"大观园试才题对额"，写的就是此种表述的情形。

大观园刚完工，贾政率领众清客和宝玉入园，叹曰："……若大景致，若干亭榭，无字标题，任是花柳山水，也断不能生色。"说着，便来到一处景点，"进入石洞，只见佳木茏葱，奇花烂熳，一带清流……石桥三港，兽面衔吐。桥上有亭。"一位清客建议，根据欧阳修《醉翁亭记》题此亭为"翼然亭"。贾政认为太一般化，似应以欧阳修"泻出于两峰之间"句而命名"泻玉亭"为妥。宝玉则对此发表了一番议论："……似乎当日欧阳公题酿泉用一'泻'字则妥，今日此泉若亦用'泻'字，则觉不妥。况此处虽曰省亲驻跸别墅，亦当入于应制之例，用此等字眼，亦觉粗陋不雅，求再拟较此蕴藉含蓄者。……'沁芳'二字，岂不新雅。"于是，贾政便采纳了宝玉的意见，把进入园门后看到的这第一个景点命名为"沁芳亭"，并让他题一联曰："绕堤柳借三篙翠，隔岸花分一脉香。"显然，贾政认为以"沁芳"作为景题，于意境的表述似乎更深远一些、贴切一些。

在这种情况下，文字的作者，实际上也参与了此处园林艺术的部分创作。

运用文字信号来直接表述意境的内涵，则表述的手法就会更为多样化 —— 状写、比附、象征、寓意等，表述的范围也十分广泛 —— 情操、品德、哲理、生活、理想、愿望、憧憬等。游人在游园时所领略的已不仅是眼睛能够看到的景象，而且还有不断在头脑中闪现的景外之景；不仅满足了感官（主要是视觉感官）上的美的享受，还能够唤起以往经历的记忆，从而获得不断的情思激发和理念联想，即"象外之旨"。

匾题和对联既是诗文与造园艺术最直接的结合而表现

园林"诗情"的主要手段，也是文人参与园林的创作，表述园林意境的主要手段，使得园林内的大多数景象无往而非"寓情于景"，随处皆可"即景生情"。因此，园林内的重要建筑物上一般都悬挂匾和联，它们的文字点出了景观的精粹所在；同时，文字作者的借景抒情也感染游人从而激起他们的浮想联翩。优秀的匾、联作品尤其如此，苏州的拙政园内有两处赏荷花的地方，一处建筑物上的匾题为"远香堂"，另一处为"听留馆"。前者得之于周敦颐咏莲的"香远益清"句，后者出自李商隐"留得枯荷听雨声"的诗意。一样的景物由于匾题的不同却给人以两般的感受，物境虽同而意境则殊。北京颐和园内临湖的夕佳楼坐东朝西，"夕佳"二字的匾题取意于陶渊明的诗句：

　　山气日夕佳，飞鸟相与还；此中有真意，欲辨已忘言。

　　游人面对夕阳残照中的湖光山色，若能联想"陶诗"的意境，则于眼前景物的鉴赏势必会更深一层。昆明大观楼建置在滇池畔，悬挂着当地名士孙髯翁所作的一百八十字长联，号称"天下第一长联"：

　　五百里滇池　奔来眼底　披襟岸帻　喜茫茫空阔无边　看东骧神骏　西翥灵仪　北走蜿蜒

南翔缟素　高人韵士　何妨选胜登临　趁蟹屿螺洲　梳裹就风鬟雾鬓　更蘋天苇地　点缀些翠羽丹霞　莫辜负四围香稻　万顷晴沙　九夏芙蓉三春杨柳

数千年往事　注到心头　把酒凌虚　叹滚滚英雄谁在　想汉习楼船　唐标铁柱　宋挥玉斧元跨革囊　伟烈丰功　费尽移山心力　尽珠帘画栋　卷不及暮雨朝云　便断碣残碑　都付与苍烟落照　只赢得几杵疏钟　半江渔火　两行秋雁一枕清霜

上联咏景，下联述史，洋洋洒洒，把眼前的景物状写得全面而细腻入微，把作者即此景而生出的情怀抒发得淋漓尽致。其所表述的意境，仿佛延绵无尽，当然也就感人至深。

游人获得园林意境的信息，不仅通过视觉官能的感受或者借助于文字信号的感受，而且还通过听觉嗅觉的感受。诸如十里荷花、丹桂飘香、雨打芭蕉、流水叮咚、桨声欸乃，乃至风动竹篁有如碎玉倾洒，柳浪松涛之若天籁清音，都能以味入景，以声入景而引发意境的遐思。曹雪芹笔下的潇湘馆，那"凤尾森森，龙吟细细"更是绘声绘色，点出此处意境的浓郁蕴藉了。

正由于园林内的意境蕴涵之如此深广，中国园林所达到的情景交融的境界，也就远非其他的园林体系所能企及了。

园林作为中国封建文化的一部分，它的成长、繁荣是为着满足封建统治阶级游憩生活的需要，也浸透了封建文人的艺术趣味，自是不言而喻。但，这些文化遗产又都是文人和工匠的智慧所创造的结晶。随着岁月的流逝，其中有许多已消失其封建的色彩而以独特的艺术形象给予人们赏心悦目的美的享受。尽管如此，我们今天运用新材料、新技术、新设备来创造满足广大人民群众游憩活动的需要、体现时代精神的新型园林，就再不必也不可能对旧园林做形式上的刻意摹仿了。而中国风景式园林历经长时期的发展而形成的本于自然而又高于自然、建筑美与自然美相融糅、诗情画意、意境涵蕴的传统，作为创作方法却应该也有可能加以继承和借鉴，把我们祖国源远流长的园林艺术在新的形势下发扬光大起来。就此意义而言，新型园林的创作可以当作造园界和文艺界的结合点；它不仅是今天的造园家、建筑家的事业，也是画家、雕塑家甚至文学家所共同探索的事业了。

中国古典园林发展的人文背景 *

　　人类进入文明社会以来，任何文化形态从它的产生、成长、兴盛、衰落直到消亡的全部进程，自始至终都不能脱离其自然背景和人文背景的制约影响。可以这样说，自然背景与人文背景之结合，乃是人类文化发展至广至大的载体。离开前者，无以言后者。园林作为一种文化形态，当然也不例外。

　　中国古典园林是古代世界的主要园林体系之一，其所经历的大约三千年持续不断的延绵发展，始终在欧亚大陆东南、太平洋西岸的中国国土范围内进行着。换句话说，九百六十万余平方公里中国国土的锦绣大地山川，构成了中国古典园林历来发展的宏观的自然背景。作为一方水土，其中的自然生态最优良的发达地区，所呈现的山岳景观、平野景观、河湖景观、海岛景观、天象景观、植物景观等等，为兴造风景式园林之利用天然山水地貌或者人为地创设山水地貌，提供了优越的自然条件和极为多样的摹拟对象，无异于园林艺术取之不尽的创作源泉。以汉族为主体的中华民族大家庭，几千年来就繁衍生息在这片辽阔的土地上，在漫长的古代岁月中凝聚为一个繁荣昌盛的大国，屹立于世界的东方。这个国家在经济、政治、意识形态方面所取得的光辉成就彪炳史册，交织为人文背景，不仅孕育了古典园林的产生，并且自始至终启导、制约着它的发展。

拙作《中国古典园林史》（第二版）于 2003 年再度增订为第三版时，考虑到中国古典园林发展的自然背景和人文背景实有做系统阐述之必要，乃将散见于书中各处的有关议论集中起来单独列为"绪论"一节，本文即根据其中的部分内容写成。

自公元前 3 世纪的秦代直到 19 世纪末叶的清代，这个漫长的封建社会时段，正值古典园林发展历史上最辉煌的时期，同时也是其人文背景的影响最为凸显的时期。

经济方面：封建社会确立地主小农经济体制，农业为立国之根本。农民从事农耕生产，是社会物质财富的主要创造者；地主通过土地买卖及其他手段大量占有农田，地主阶级知识分子掌握文化，一部分则成为文人。以此两者为主体的耕、读家族所构建的社区，以一家一户为生产单位的自给自足的分散经营，成为封建主义社会基层结构的主体。中国的传统农业很早就实行精耕细作，积累了丰富的生产实践经验，历来的政府兴修水利，关注耕作技术，刊行农业技术文献。这种成熟的小农经济在古代世界居于先进地位，对中国古典园林的影响也极为深刻，形成园林的封闭性、一家一户的分散性以及手工业式的经营。而精耕细作所表现的"田园风光"则广泛渗透于园林景观的创造中，甚至衍生为造园风格中的主要意象和审美情趣。

政治方面：封建社会中央集权的政治体制，政权集中于皇帝一身，"溥天之下莫非王土，率土之滨莫非王臣"。这种泱泱大国集权政治的理念在皇帝经营的园林中表现为宏大的规模以及风景式园林造景所透露出来的特殊而浓郁的皇家气派。皇帝通过庞大的官僚机构控制着整个国家并维持其大一统的局面。各级官僚机构的成员一般由地主阶级知识分子中察举、选考而来。"学而优则仕"，文人与官僚合流的士居于"士、农、工、商"这样的民间社会等级序列的首位，他们具有很高的社会地位，成为国家政治上的一股主要力量。由于朝廷历来执行"重农抑商"的政策，商人虽有经济实力但社会地位不高，始终不能形成政治力量。士作为一个特殊阶层，其成员以不同身份、不同职业面貌出现在社会上。他们之中的精英分子密切联系着当代政治、经济、文化、思想的动态，既用自己的知识服务于统治阶级，同时又超越这个范畴，以天下风教是非为己任，即所谓"家事、国事、天下事，事事关心"，表现一种理想主义的信念，扮演社会良心的角色。士是社会上雅文化的领军者，把高雅的品位赋予园林。士人们所经营的文人园林乃成为民间造园活动的主流，也是涵盖面最广泛的园林风格。它的精品具有典范的性质，往往引为园林艺术创作和评论的准则。但随着市民阶级的勃兴，市井的俗文化逐渐渗入民间造园活动，从而形成园林艺术的雅、俗并列、互斥，进而合流、融会的情况，这在园林发展的后期尤为明显。

意识形态方面：儒、道、释三家学说构成中国传统哲学的主流，也是中国传统文化的三个坚实支柱。

儒家学说以"仁"为根本，以"礼"为核心，倡导"君、臣、父、子"的大义名分、"修、齐、治、平"的政治理念和"入世"的人生观，是封建时代意识形态的正统，它的经典被统治阶级奉为治国安邦的教条。诸如此类的情况在中国古典风景式园林中均有所反映，表现为自然生态美与人文生态美之并重，以及风景式的自由布局所蕴含着的一种井然的秩序感和浓郁的生活气氛。儒家的"君子比德"即美善合一的自然观和"人化自然"的哲理，启发人们对大自然山水的尊重，促成中国古典园林在其生成之际便重视筑山和理水，从而奠定风景式发展方向的基础。而儒家的"中庸之道"与"和为贵"的思想，则更为直接地影响园林艺术创作，在造园诸要素之间始终维持不偏不倚的平衡，使得园林整体呈现一种和谐的状态。

道家学说以自然天道观为主旨，政治上主张无为而治，提倡"绝圣弃智""绝仁弃义"。这些都与儒家形成对立。道家崇尚自然并发展为以自然美为核心的美学思想，即所谓"天地有大美而不言"。这种原始的美学思想与"返璞归真""小国寡民"的憧憬相结合，铸就了士人们宁静致远、淡泊自适、潇洒飘逸的心态特征。道家学说包含着朴素的辩证思想，强调阴与阳、虚与实、有与无的对立统一关系，即所谓"太极关系"，对宇宙间的宏观和微观空间的形成做出虚实相辅的辩证诠释。道教渊源于道家而成为中国的传统宗教，其教义的核心是"道"，宣扬神秘的修炼方术以求得长生不死，度世成仙，相应地创立祈祷、礼忏等一系列宗教仪轨。同时在其长期的发展过程中逐渐形成精湛的道教哲学，涌现出许多渊博的道教学者。道教哲学祖述道家，在理论上提出"玄"的本体概念，"玄者自然之始祖而万殊之大宗也"（《抱朴子内篇·畅玄》），还发挥了极富浪漫色彩的想象力，构建起一个人、神、仙、鬼交织的广大的道教世界。道家、道教对中国文化的影响极其深远、广泛，遍及于文学、艺术、科学、技术、道德、伦理、民情风俗等，形成历史上儒、道互补的局面，乃是中国传统文化发展的一个极重要的推动力量。不言而喻，其于中国古典园林的影响也十分巨大：举凡造园的立意、构思方面的浪漫情调和飘逸风格，园林规划通过叠山理水的辩证布局来体现山嵌水抱的太极关系；至于皇帝经营的大型园林造景之讲求神仙境界的摹拟以及种种的仙苑模式等等，则更是显而易见的。

释即佛家，包括佛教和佛学。

佛教产生于公元前6世纪的北印度，以众生平等的思想反对当时婆罗门教的种姓制度，教导信徒们遵照经、律、论三藏，修持戒、定、慧三学，以期生前斩除一切烦恼，死后解脱轮回之苦，宣扬一种重来生的彼岸世界而不重现世的此岸世界的消极出世的人生观。佛教大约在西汉末年（一说东汉初）传入中国，即汉传佛教，随着时间的推移而逐渐汉化，产生了具有汉文化特色的十余个宗派。它们对中国传统的哲学、文学艺术、民情风俗、伦理道德等都有影响，为中国传统文化注入新鲜血液。在诸多宗派之中，禅宗的汉化程度最深，影响也最大。禅宗主张一切众生皆有佛性，在修持方法上非常重视人的悟性。南宗禅更倡导顿悟之说，众生可不必经累世长年的修炼，只要能够开悟而直指本心，当下即可成佛。这就是说，作为思维方式，完全依靠直觉体验，通过自己的内心观照来把握一切，无需客观的理性，也不必遵循一般认知事物的推理和判断程序。因此，禅宗传教往往不借助经典性的文字，而是运用"语录"和"公案"来立象设教，即使"呵佛骂祖"亦无不可。这种思维方式普遍得到文人士大夫的青睐，并通过他们的中介而广泛渗入艺术创作实践之中。从而促成了艺术创作之更强调"意"、更追求创作构思的主观性和自由无羁，使得作品能达到情、景与哲理交融化合的境界，从而把完整的"意境"凸显出来。禅宗思维对后期的古典园林很有影响，在意境的塑造上，在意境与物境关系的处理上尤为明显。

儒、道、释三家是中国传统意识形态的主流，或者说三个主要的构成要素。除此之外，当然还有其他的许多要素，在特定的历史情况下融糅儒、道、释的某些观点，或者受到此三家的浸润而逐渐衍生出来。它们又与此三家共同构筑起百花齐放的意识形态园地，而成为中国古典园林历史发展进程中的意识形态背景。其中，"天人合一""寄情山水""崇尚隐逸"这三个要素应予以特别关注。

"天人合一"的命题由宋儒提出，但作为哲学思想的原初主旨，早在西周时便已出现了。它包含着三层意义。第一层意义，人是天地生成的，故强调"天道"和"人道"的相通、相类和统一。这种观点萌芽于西周，原本是古人的政治伦理主张的表述，即《易传·乾卦》所谓"夫大人者，与天地合其德，与日月合其明，与四时合其序，与鬼神合其吉凶"。儒家的孟子和道家的庄子再加以发展。孟子将天道与人性合而为一，寓天德于人心，把封建社会制度的纲常伦纪外化为天的法则。庄子认为"天地与我并生，万物与我为一"（《庄子·齐物论》）；人与天原本是合一的，只因人为的主观区分才破坏了统一，故而主张消灭一切差别而达到天地混一的境界。第二层意义，人类道德的最高原则与自然界的普遍规律是一而二、二而一的，"自然"和"人为"也应相通、相类和统一。这种观点导源于上古的原始自然经济，必然会深刻地影响人们的自然观，即人对应该如何对待大自然这个重要问题的思考。也就是说，人的生活不能悖逆于自然界的普遍规律，人生的理想和社会的运作应该做到人与大自然的协调，保持两者之间的亲和关系而非对立、互斥的关系，从而衍生出"天人谐和"的思想。第三层意义，以《易经》为标志的早期阴阳理论与汉代儒家的五行学说相结合，天人合一又演绎为"天人感应"说，认为天象和自然界的变异能够预示社会人事的变异，反之，社会人事变异也可以影响天象和自然界的变异，两者之间存在着互相感应的关系。这种感应关系奠定了中国传统"风水"理论的哲学基础，也在一定程度上影响园林地貌景观的营造，其在皇帝经营的大型园林中比较明显。天人合一的哲理经过历代哲人的充实和系统化，成为中国传统文化的基本精神之一，它启导中国古典园林向着"风景式"方向健康发展，把园林里面所表现的"天成"与"人为"的关系始终整合如一，力求达到"虽由人作，宛自天开"的境地——天人谐和的境地。

"寄情山水"不仅表现为游山玩水的行动，也是一种思想意识，同时还反映了社会精英——士人们永恒的山水情结。受到天人合一哲理潜移默化的士人们，发现了大自然山水风景之美。而后，美的山水风景经过人们的自觉开发，揭开了早先的自然崇拜、山川祭祀所披覆其上的神秘外衣，以其赏心悦目的本来面貌而成为人们品玩的对象。于是，在文人士大夫的圈子里逐渐滋生出热爱大自然山水风景的集体意识，从而导致游山玩水的行动；这种行动逐渐普遍、活跃，则又成为社会风尚。士人之在朝为官者努力做出一番事业，但亦不忘忘情于山水之乐；一旦失意致仕，则往往浪迹山林，有如闲云野鹤，寄托自己宦海浮沉、政治抱负未能实现的情愫。因此，无论在朝者、在野者、得意者、失意者，咸以游览山水风景为赏心乐事，祖国的名山大川无处不留下他们的游踪。唐代大诗人李白自诩"五岳寻仙不辞远，一生好入名山游"；后人亦说他"一斗百篇逸兴豪，到处山水皆故宅"。可以这样说，山水之游已经成为文人名流的生活中必不可少的一项活动，所谓"读万卷书，行万里路"。一个没有过任何名山大川之游的人，社会上也就很难确认其文人名流的地位。名山大川哺育了一代代士人的成长，打造了一代代士人的性格。祖国各地的优美山水风景，往往借助于他们的游览活动而得以更彰显其风景名胜之美。许多担任地方官职的文人名流，在任期内饱游饫看当地的山水风景，经常利用自己的职权对它们的开发建设做出积极的贡献。杭州西湖得以成为闻名中外的风景名胜区，地方官白居易和苏轼等的参与整治乃是功不可没的。"寄情山水"的思想影响及于文学艺术，促成了山水文学、山水画的大发展。山水文学包括诗、词、散文、题刻、匾联等，诗与散文则为其中的主流。中国是诗的王国，而山水诗又占着相当大的比重。有人统计，《全唐诗》中将近半数的诗篇可以归入山水诗的范畴。山水诗主要以描写大地山川的自然景观和人文景观为题材，还涉及旅行、送别、隐逸、宦游、咏怀、吊古、求仙拜佛、访问僧道等，同时也反映作者个人的思想面貌、精神品格、生活情趣和审美理想。山水散文多为游记的形式，往往把写景与抒情相结合，逐渐发展成为一种文学体裁。某些文人行万里路，通过对名山大川的实地考察，在所撰写的游记中不仅记述其亲历的山川风物之美，还涉及构成风景的自然物和自然现象的原因，并给予它们以科学的推断和评价，明代文人徐霞客撰写的《徐霞客游记》便是其中的佼佼者。山水画无论工笔或写意，既重客观形象的摹写，又能够注入作者的主观意念和感情，即所谓"外师造化，中得心源"，确立了中国传统山水画的创作准则。技法方面，结合毛笔、绢素等工具而创为泼墨、皴擦，并以书法的笔意入画。许多山水画家总结自己的创作经验而撰写的画论，不仅是绘画的理论著作，也涉及自然界山水风景构景规律的理论探索。山水风景、山水画、山水文学对古典园林深刻的潜移默化，自是不言而喻，此四者的相互影响，彼此促进的情况也是显然而易见的。在中国历史上，山水风景、山水画、山水文学、山水园林的同步发展，形成了一种独特的文化现象——"山水文化"。山水文化与士人的生活结下了不解之缘，几乎涵盖了他们所接触到的一切物质环境和精神环境。

崇尚隐逸与寄情山水有着极密切的关系，大自然山水的生态环境是滋生士人的隐逸思想的重要因素之一，也是士人的隐逸行为的最广大的载体。隐逸之士即隐士，又称"逸士""高士""处士"等。隐士自古有之，他们的抱负不见重于当政者，或者不愿取媚于流俗。为了维护自己的独立之品格和自由之精神，乃避开现实生活，到深山野林里长期隐居起来，过着常人难以忍受的艰辛生活。上古传说中的许由、巢父、伯夷、叔齐就是这样人物的典型者。他们的数量虽然不多，影响却很大。先秦的儒家和道家均给予隐士很高的评价，孔子云："君子哉蘧伯玉，邦有道则仕，邦无道则可卷而怀之。"（《论语·卫灵公》）"道不行，乘桴浮于海。"（《论语·公冶长》）把他们树立为道德伦理和为人处世的楷模。从秦汉到清末，在大一统封建王朝的集权政治体制之下，士人们若欲实现自我，建功立业，必须依附皇帝这个唯一的最高统治者，无条件地接受其行为规范和思想控制。士人们固然可以"朝为田舍郎，暮登天子堂"，但宦海浮沉，仕途多险，显达与穷通莫测，升迁与贬谪无常。他们标榜"达则兼济天下，穷则独善其身"，即便独善其身亦不能完全摆脱王权对个人意志的控制，因而最终的归宿便只有退隐一途了。就经济生活而言，汉以后到唐宋，小农经济发达，士人已然拥有自己的田产地业，隐逸者具备了经济基础，能提供一定水平甚至相当富裕的生活保证，就不必像上古的隐士那样到深山野林中过极端艰苦的生活。于是，隐士的数量逐渐多起来，隐逸的方式亦与时俱进，出现多样化的趋向：有隐于朝廷的"朝隐"[1]，有隐于市廛的"市隐"，大多数则为田园之隐、山林之隐。就隐逸的程度而言，有大隐、中隐、半隐

1　汉武帝时，东方朔提出"避世金马门"的朝隐之法。金马门是汉官内侍之门署。他曾以戏谑的口吻歌曰："……陆沉于俗，避世金马门。宫殿中可以避世全身，何必深山之中，蒿庐之下。"见《史记·滑稽列传》。

之分，甚至把隐逸作为韬光养晦、待价而沽的手段，即所谓
"终南捷径"[1]。诸如此类的隐逸行为在一定程度上促进了园林
的发展，尤其是郊野别墅园的大发展。园林不仅成为隐者的
庇托之所，也是他们的精神家园。随着时间的推移，隐逸的
行为在文人士大夫的圈子里演绎、转化为具有哲理性的"隐
逸思想"。到后期，隐逸行为逐渐淡化，隐逸思想则日益凸
显，浸润而渗入士人的性格禀赋，又在他们心中形成挥之不
去的隐逸情结。而园林作为第二自然也就逐渐代替大自然山
水，成为隐逸思想最主要的载体。历来的许多文人士大夫亲
自参与营造园林，从规划布局、叠山理水的理念直到具体的
物景和意境的塑造，无不表现出园主人对隐逸的憧憬，这类
园林甚至可以称之为"隐士园"了。无论致仕而退隐者，或
终生不仕的布衣隐者，一般都有很高的文化素养。虽曰隐
却并非完全不关心世事，也并非处于离群索居的孤独状态。
他们也有一定的社会活动，但都是志同道合"非其人不友"
的，因此而形成许多隐士集团。在这个集团里面，大家"同
志相应，同气以求"，结成无形的组织，尤其受到社会上的
景仰。汉代的"商山四皓"、西晋的"竹林七贤"、南北朝的
"白莲社十八高贤"便是早期的最著名的几个隐士集团[2]。隐
士们除了小集团内的活动之外，也经常从异地隐者那里获取

1　"终南捷径"的典故出自《大唐新语·隐逸》中的一段话："卢藏用始隐于终南山中，
中宗朝累居要职。有道士司马承祯者，中宗迎至京，将还。藏用指终南山谓之曰：
'此中大有佳处，何必在远。'承祯徐答曰：'以仆所观，乃仕宦捷径耳。'"
2　蒋星煜：《中国隐士与中国文化》，上海三联书店，1988年。

信息而对天下大势做出判断，以便伺机为统治者提供咨询，个别的还得到"山中宰相"[1]的美誉。隐士们往往亦儒、亦道、亦释，是天人合一的自然观和以自然美为核心的美学观的发扬光大者。他们在名山大川结庐营居，必然成为开发风景名胜的一股先行力量。许多隐士同时也是山水画家、山水诗人，他们的画作、诗作都着上一种空蒙、寂寥、清幽、飘逸的隐士情调。这种情调同样见于士人们经营的园林之中，乃是隐逸生活环境的典型表现。诸如此类的情况，又综合地衍生出一种独特的文化现象——隐逸文化，它与山水文化密切关联着，仿佛你中有我，我中有你。

以上，对宏观人文背景这个概念做出三方面的阐释，其所包含的八项要素——经济、政治、儒家、道家、释家、天人合一、寄情山水、崇尚隐逸，大体上就是形成中国古典园林基本特点的最深层最根本的基因，也是解读中国古典园林艺术的关键之所在。这种情况甚至辐射到境外的朝鲜、日本等同属亚洲汉文化圈的国家，在它们的古典园林里面，都能够或多或少地折射出类似的深层基因的痕迹。

世界园林发展的历史长河中，自然背景除了遇上自然界或人为的巨大生态变异，一般都是处于静态状况。而人文背景则不然，经常处在动态之中，它的各个要素往往此消彼

1　五代梁朝的陶弘景隐居茅山，梁武帝每有征讨吉凶大事，无不前往咨询，每月均有书信往来。其受宠信之程度，为朝中权臣显宦所不及；赏赐之多，超过显宦的俸禄。故当时人称之为"山中宰相"。

长而非一成不变。即使是社会发展的某些稳定或超稳定的时段如中国的漫长的封建社会时段，人文背景的诸要素也在缓慢地演进着。而社会的转型期，其动态变异更呈现为波澜壮阔的起伏跌宕，相应地，园林也必然会兴起巨大变革的潮流。这是历史的规律，古往今来概莫能外。所以说，准确地理解园林发展的自然背景和人文背景，对于解读东、西方的任何一个园林体系的过去、现在，乃至将来，就不是可有可无的事情了。

诗情涵蕴
画意盎然
——北京古典园林综述 *

中国古典园林在世界上独树一帜，它本于自然，外师造化，精练而典型地再现自然界山水风景之美；同时又高于自然，中得心源，讲究诗画的情趣和意境的涵蕴，力求自然美与建筑美的融糅谐调，体现了一种"天人谐和"的哲理。它历经数千年的持续发展而达到了极高的艺术水准，成长为一个源远流长、博大精深的风景式园林体系。

北京是金、元、明、清四个朝代的帝都。特殊的地理环境和历史条件，深厚的文化积淀，造就了北京古典园林的鲜明的特色和丰富的内容。它具有中国古典园林的全部类型——皇家园林、私家园林、寺观园林、公共园林等，而皇家园林则为历来园林建设的主流。

北京的皇家园林建设，已有近千年的历史。其间曾经兴起过两次高潮：

第一次在金代，金章宗时期达到了全盛局面；

---

* 原载北京画院编《园林胜境》，北京美术摄影出版社2003年10月。

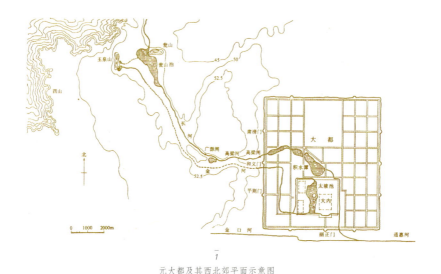

元大都及其西北郊平面示意图

第二次在清代，肇始于康熙，完成于乾隆。

1153年，女真族建立的金王朝迁都北京，改名"中都"。于扩建城池和宫殿的同时，开始大规模营建皇家园林。大宁宫便是其中主要的一处，后来北京历代的城市建设、皇家园林建设都与它有着密切的关系。

大宁宫在中都城的东北郊，这里原来是高梁河下游的一片沼泽地，经人工开拓为湖泊，并在湖中筑大岛琼华岛。

大宁宫内共建有殿宇数十所，水木清华，风景佳丽。蒙古灭金之后，于1267年把都城从塞外的上都迁移到中都，后又以大宁宫为中心另建新的都城"大都"，这就是北京城的前身。（图1）

琼华岛及其周围的湖泊再加开拓后命名"太液池"，包

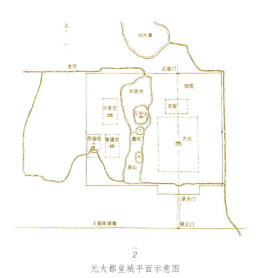

2

元大都皇城平面示意图

入大都的皇城之内而成为大内御苑的主体部分。（图2）

　　明成祖即位，在大都的基础上建成新的都城——北京，自南京迁都于此，并确立"两京制"。北京城的规划沿袭传统的三套城垣（大城、皇城、宫城）的帝都模式，嘉靖年间于大城之南加筑外城，扩大城市用地，这就形成了明清两代北京城的格局。明代皇家园林建设的重点在大内御苑，共有六处：位于紫禁城宫城中轴线北段的御花园，位于紫禁城内廷西路的建福宫花园，位于皇城北部中轴线上的万岁山（清初改为景山），位于皇城西部的西苑，位于西苑之西的兔园，位于皇城东南部的东苑。其中，西苑的规模最大，保留元代的太液池及琼华岛，将水面往南开拓形成北、中、南三海。苑内建筑疏朗，树木翁郁，既富水乡田园之野趣，又有仙山琼阁之境界，无异于城市中的一大片自然生态环境。

清王朝入关定都北京之初，完全沿用明代的皇城、宫城、坛、庙。来自关外的满族统治者难耐北京城内的炎夏溽暑之苦，曾打算在郊野择地另建避暑宫城。但开国之际，百废待兴，到康熙中叶政局稳定、国力稍裕的时候，这个愿望才得以实现：选择北京的西北郊风景优美、泉水丰沛的地带陆续建成香山行宫、玉泉山行宫以及清代第一座离宫御苑畅春园，稍后，另在承德营建规模更大的第二座离宫御苑 —— 避暑山庄。到了雍正朝，北京的西北郊又建成第三座离宫御苑 —— 圆明园。

乾隆朝是中国封建社会的最后一个繁荣时期，它最终完成了肇始于康熙的皇家园林建设高潮，这个建园高潮规模之广大、内容之丰富，在中国历史上是罕见的。

乾隆皇帝作为盛世之君，有较高的汉文化素养，平生附庸风雅，喜好游山玩水，对造园艺术很感兴趣，也颇有一些见解。明代以及清代康雍两朝建置的那些宫苑已远不能满足他的需要，因而按照自己的意图对它们逐一进行改建扩建。同时又仗恃皇家敛聚的大量财富，兴建了为数众多的新园。乾隆曾先后六次到江南巡视，足迹遍及江南园林精华荟萃的地方。凡他所喜爱的园林，均命随行的画师摹写粉本，作为北方建园的参考。一些重要的扩建、新建的皇家园林工程，他都要亲自过问甚至参与规划事宜，表现了一个行家的才能。再者，康熙以来皇家造园实践经验上承明代传统并汲取江南技艺而逐渐积累，乾隆又在此基础上把设计、施工、管理方面的组织工作进一步加以提高。从乾隆三年（1738）直到三十九年（1774）的三十多年间，皇家的园林建设工程几乎没有间断过，新建、扩建的大小园林按面积总计有一千五六百公顷之多。当时，城内的大内御苑，有的圮毁，有的改作他用；西苑的地盘因皇城内的民宅日增而有所收缩，苑内的建筑却大量增加，原来以三海的水面为中心有若大自然生态的景观已所剩无几。而城外的行宫御苑和离宫御苑则是皇家建园高潮的重点所在，其兴建规模之大、数量之多，为宋以来所未之见，它们分布在北京近郊、远郊及畿辅、塞外等地，尤其以北京西北郊和塞外的承德两地最为精华荟萃。

北京的西北郊，先后扩建圆明园、畅春园、静宜园（香山行宫）、静明园（玉泉山行宫），新建清漪园；在圆明园的东邻和东南邻分别新建长春园和绮春园，三者合称"圆明园"，或曰"圆明三园"。除此之外，海淀以南，沿长河（元代开凿的由昆明湖直通北京城内的输水干渠）一带还陆续建成若干小型的行宫御苑。到乾隆中期，北京的西北郊已经形成一个庞大的皇家园林集群。其中的圆明园、畅春园、香山静宜园、玉泉山静明园和万寿山清漪园等五座园林号称"三山五园"。附近又陆续建成许多私园和赐园，连同康雍时留下来的一共有二十余座。在西起香山、东到海淀、南临长河的辽阔范围内，极目所见皆为馆阁连属、绿树掩映的名园胜苑，形成一个巨大的园林之海，也是历史上罕见的皇家园林特区。在建设清漪园和静明园的同时，还对西北郊的水系进行了彻底的整治，昆明湖的蓄水量增加了，形成以玉泉山、昆明湖为主体的一套完整的、可以控制调节的供水系统。它保证了宫廷、园林的足够用水，补给了大运河的上源，也收到农业灌溉的效益，同时，还创设了一条由西直门直达玉泉山静明园的长达十余公里的皇家专用水上游览路线。

"三山五园"既有人工山水园，也有天然山水园和天然山地园，包罗了中国风景式园林的全部形式，可说是中国古典园林造景手法之集大成者，园林艺术的精华荟萃。其中，以清漪园和圆明园最具代表性，规模也最大。

清漪园即颐和园的前身，始建于乾隆十五年（1750），总面积二百九十公顷，是一座以万寿山和昆明湖为主体的天然山水园。其总体规划以杭州的西湖作为蓝本。昆明湖的水域划分、万寿山与昆明湖的位置关系、西堤在湖中的走向，以及周围的环境，都很像杭州西湖。

玉泉山、昆明湖、万寿山构成一个有机的风景整体，很难意识到园内园外的界限。（图3、图4）

宫廷区建置在园的东北端，东宫门也就是园的正门。

宫廷区之西便是广大的苑林区，以万寿山的山脊为界又分为南、北两个景区：前山前湖景区和后山后湖景区。

前山即万寿山南坡，在它的中央部位建置一组庞大的佛寺建筑群——大报恩延寿寺，从山脚到山顶密密层层地

3

清漪园与玉泉山位置关系示意图

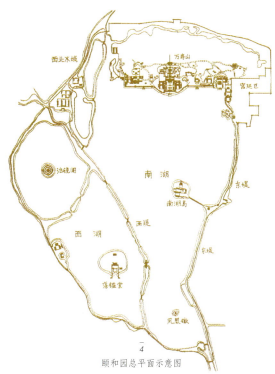

4

颐和园总平面示意图

将山坡覆盖住，构成纵贯前山南北的一条明显的中轴线。

中轴线上的佛香阁是园内体量最大的建筑物，巍然雄踞山半，攒尖宝顶超过山脊，显得气势雄伟而凌驾一切，成为整个景区的构图中心。

前湖即昆明湖，濒临于前山之南，辽阔的水面由西堤及其支堤划分为三个水域。东水域最大，西堤以西的两个水域较小，各有中心岛屿。

漫长的西堤自西北逶迤而南纵贯昆明湖中，堤上建六座桥，摹拟杭州西湖的西堤六桥，其中的一座石拱桥即著名的玉带桥。

昆明湖如果略去西堤不计，水面上三大岛鼎列的布局很明显地表现皇家园林"一池三山"的传统模式。

如果说，两千多年前的西汉建章宫是中国历史上的第一座具有"一池三山"的仙苑式皇家园林，那么，清漪园便是最后一座，也是硕果仅存的一座了。

后山后湖景区仅占全园面积的百分之十二。后山即万寿山的北坡，后湖即界于山北麓与北宫墙之间的一条河道，景观以幽邃为基调。

后山的西半部和东半部散布着十余处景点建筑群，此外尚有若干亭、榭、塔等单体建筑之点缀。

位于后山东麓的惠山园和霁清轩是典型的园中之园，前者以无锡名园寄畅园为蓝本而建成，嘉庆年间改名"谐趣园"。（图5、图6）

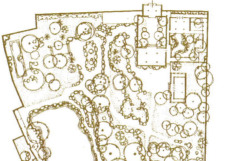

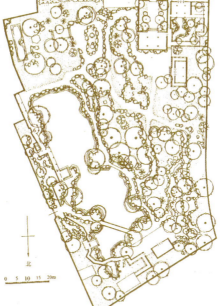

北

0　5　10　15　20m

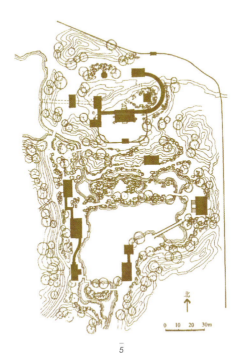

北

0　10　20　30m

—
5

寄畅园平面示意图（上）与惠山园平面示意图（下）对比

6

谐趣园霁清轩小园内景（选自冯钟平《中国园林建筑》）

　　后湖又名"后溪河"，河道蜿流，全长约一千米，用挖河的土方堆筑为北岸的土山，把北宫墙隐蔽起来，仿佛山外尚有无限深远的空间。其山势起伏，岸脚凹凸，均与南岸的真山取得呼应，真假莫辨，虽由人作而宛若天成。

　　后湖的中段，两岸店铺鳞次栉比，这就是摹拟江南河街市肆的后溪河买卖街，又名"苏州街"，全长二百七十米，形成一个完整的水镇格局。

　　圆明园始建于康熙年间，原为皇太子的赐园。雍正帝即位后加以扩建为离宫，乾隆初又进行第二次扩建。它与此后相邻建成的长春园和绮春园，合称"圆明三园"。这是一座大型的人工山水园，占地三百五十公顷，规模之大在北京的"三山五园"中居于首位。

圆明三园都是水景园，利用丰沛的水资源开凿的人工水体占园林总面积的一半以上，造景大部分是以水面为主题因水而成趣的。挖池的土方用来堆筑冈、阜、岛、堤，总计三百余处，横跨水面的各式木石桥梁共一百多座。水面大、中、小相结合。河道把这些大小水面串联为一个完整的河湖水系，构成全园的脉络和纽带，提供了舟行游览和水路供应的方便。

冈、阜、岛、堤与水系相结合，把全园划分为山复水转、层层叠叠的百余处自然空间。每个空间都经过精心的艺术加工，出于人为的写意而又保持着野趣的风韵，其本身就是烟水迷离的江南水乡的全面而精练的再现。这是平地造园的杰作，是把小中见大、咫尺丘壑的筑山理水手法在几百公顷的广大范围内连续展开，气魄之大远非私家园林所能企及。

三园内的建筑的形象千姿百态，群体组合更是极尽其变化之能事。百余组建筑群无一雷同的，但又万变不离其宗，都以院落作为基调，把中国传统建筑院落布局的多变性发挥到了极致。它们分别与那些自然空间和局部山水地貌相结合，从而创造了一系列丰富多彩、样式各异的小园林，形成圆明三园的大园含小园、园中又有园的特点。

在长春园的北部建置一个特殊的景区"西洋楼"，包括六幢西洋建筑物，三组西洋大型喷泉，若干庭园和点景小品，沿着北宫墙呈带状展开，建筑风格类似18世纪流行于

7

长春园西洋楼谐奇趣北面（铜版画）

欧洲的巴洛克风格（图7）。这是由当时供奉内廷的欧洲籍天主教教士主持设计的一组欧式宫殿和园林，但从规划到细部处理又都吸收了许多中国的手法。应该说，它是以欧洲风格为基调，把欧洲和中国这两个建筑体系和园林体系加以结合的首次创造性的尝试。这在中西文化交流方面，是有一定历史意义的。

以"三山五园"为代表的皇家园林，不仅在总体形象上显示独特的皇家气派，具体的造园手法也有不同于一般的地方。

其一，独具壮观的总体规划。如圆明园平地起造，把大型的园林化整为零，再集零成整的集锦式的布局，西方人因此将其誉为"万园之园"。大型的天然山水园如清漪园则保持基址的原始地貌，适当地进行加工改造，力求把中国传统风景名胜的那种以自然景观之美而兼具人文景观之胜的意趣再现到园林中来。

其二，突出建筑形象的造景作用。目的在于渲染、补充、修饰山水风景，使得园林的总体凝练生动而臻于画意的境界。因此，很讲究建筑布局的隐、显、疏、密的安排，但凡幽邃地段，建筑力求其隐蔽，以表现一种含蓄的意境；但凡开阔的地段，建筑力求其显露，以发挥其点景（即点缀此处风景）以及观景（即观赏他处风景）的作用。总之，都能因地制宜，建筑的构图美始终是协调，从属于天成的自然美，而不是相反。

其三，全面汲取江南园林的意趣。江南的私家园林发展到了明代和清初，以其精湛的造园技巧、浓厚的诗情画意和工细雅致的艺术格调而成为我国封建社会后期园林史上的另一个高峰。清代的皇家园林则通过引进江南园林的某些局部手法、再现江南园林的某些主题、具体仿建某些江南名园（图8）等方式，把北方和南方的风格、宫廷与民间的造园在更高更深的程度上融汇起来。

其四，驳杂多样的象征寓意。皇家园林里面的景点多有利用建筑形象结合局部景域而构成五花八门的摹拟 —— 蓬莱三岛、仙山琼阁、梵天乐土、银河天汉等，是寓意于历

—
8
无锡寄畅园

史典故、宗教神话。

　　此外，还有多得不胜枚举的景题命名，直接以文字手段表达出对帝王德行、哲人君子、太平盛世的歌咏赞扬。甚至把象征寓意扩大到整个园林的规划。

　　例如，圆明园后湖的九岛环列象征禹贡九州（图9、图10），九州居中，园东面的福海象征东海，西北角上的全国最高的土山紫碧山房象征昆仑山，则整个园林便是我国古代所理解的世界范围的缩影，从而间接地表达了"溥天之下莫非王土，率土之滨莫非王臣"的寓意。诸如此类，大抵都伴随着一定的政治目的而构成了园林意境的核心，也是儒、道、释作为封建统治的精神支柱在造园艺术上的集中反映。

　　道光朝，中国封建社会的最后繁荣阶段已经结束，皇

8

无锡寄畅园

史典故、宗教神话。

　　此外，还有多得不胜枚举的景题命名，直接以文字手段表达出对帝王德行、哲人君子、太平盛世的歌咏赞扬。甚至把象征寓意扩大到整个园林的规划。

　　例如，圆明园后湖的九岛环列象征禹贡九州（图9、图10），九州居中，园东面的福海象征东海，西北角上的全国最高的土山紫碧山房象征昆仑山，则整个园林便是我国古代所理解的世界范围的缩影，从而间接地表达了"溥天之下莫非王土，率土之滨莫非王臣"的寓意。诸如此类，大抵都伴随着一定的政治目的而构成了园林意境的核心，也是儒、道、释作为封建统治的精神支柱在造园艺术上的集中反映。

　　道光朝，中国封建社会的最后繁荣阶段已经结束，皇大型的园林化整为零，再集零成整的集锦式的布局，西方人因此将其誉为"万园之园"。大型的天然山水园如清漪园则保持基址的原始地貌，适当地进行加工改造，力求把中国传统风景名胜的那种以自然景观之美而兼具人文景观之胜的意趣再现到园林中来。

其二，突出建筑形象的造景作用。目的在于渲染、补充、修饰山水风景，使得园林的总体凝练生动而臻于画意的境界。因此，很讲究建筑布局的隐、显、疏、密的安排，但凡幽邃地段，建筑力求其隐蔽，以表现一种含蓄的意境；但凡开阔的地段，建筑力求其显露，以发挥其点景（即点缀此处风景）以及观景（即观赏他处风景）的作用。总之，都能因地制宜，建筑的构图美始终是协调，从属于天成的自然美，而不是相反。

其三，全面汲取江南园林的意趣。江南的私家园林发展到了明代和清初，以其精湛的造园技巧、浓厚的诗情画意和工细雅致的艺术格调而成为我国封建社会后期园林史上的另一个高峰。清代的皇家园林则通过引进江南园林的某些局部手法、再现江南园林的某些主题、具体仿建某些江南名园（图8）等方式，把北方和南方的风格、宫廷与民间的造园在更高更深的程度上融汇起来。

其四，驳杂多样的象征寓意。皇家园林里面的景点多有利用建筑形象结合局部景域而构成五花八门的摹拟——蓬莱三岛、仙山琼阁、梵天乐土、银河天汉等，是寓意于历

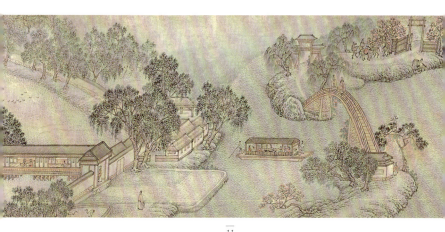

11
明代吴彬《勺园祓禊图》局部，
于此可见北京西郊私家园林之盛时景致（北京大学藏，黄晓供图）

　　清华园位于海淀北面，园主人李伟是一位身世显赫的皇亲国戚。康熙年间利用其废址的三分之二建成畅春园，足见其占地之广，无疑是一座特大型的私家园林。园内水面广阔，建筑富丽堂皇，叠山使用名贵的山石材料，花卉树木亦多名贵品种，总体上显示官宦人家的一派富贵气。

　　勺园在清华园之东面，下游，相当于今北京大学西南部的位置，园主人米万钟是明末著名的诗人、画家、书法家，平生好石，家中多蓄奇石。勺园比清华园小，建筑朴素疏朗，小桥流水，杨柳依依，园林的总体形象颇富于文人的书卷气。这两个相隔不远的别墅园，一豪华巨丽，一雅致简远，代表着当时北京私家园林的两种格调。它们在园林艺术上均达到很高的造诣，但毕竟后者更具浓郁的文人意趣，因而"京国林园趋海淀,游人多集米家园"。

清初,北京城内的宅园之多又远过明代。一些比较有名气的园林都是当时文人、大官僚所有,如纪晓岚的阅微草堂、李渔的芥子园、贾汉复的半亩园、王熙的怡园、冯溥的万柳堂等。其中的好几处是由园主人延聘江南造园匠师主持营建的。这样做,主要用意在于配合当时清廷开博学鸿词科招徕江南文士,有其政治上的目的,但在客观上,对于北方私家造园之引进江南技艺,却也起到了一定的促进作用。清中叶以后,北京私家园林荟萃,其数量之多、质量之高,比之明代和清初有过之而无不及。究其原因:一是继康乾盛世之后,大量官僚王公贵戚云集北京,世居本地者子孙繁衍分宅而居,外省的大员也都要在北京兴造邸宅,而有宅必有园;二是自康熙以后皇家园林建设频繁,至乾隆时达到高潮,从而形成设计、施工、管理的严密体系和技术队伍,民间的承包商也从中取得经验,这为民间的园林建设创造了极有利的条件。

分布在内、外城的宅园,一部分是承袭明代和清初之旧再经新主人修葺改建的,大部分则为新建。其中具备一定规模、有文献记载的有一百余处,保存到20世纪50年代的尚有五六十处;以后,迭经历年的城市建设、危房改造、房地产开发,几乎拆毁殆尽,得以保存至今的,已属凤毛麟角了。

北京王府很多,因而王府花园是私家园林的一个特殊类别。它们的规模比一般宅园大,规制也略有不同。迄今保存最为完整的当推恭王府花园(又名"萃锦园",图12),位

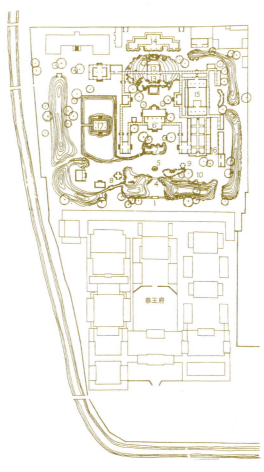

1. 园门　　　　6. 安善堂　　　10. 蓺蔬圃　　　15. 大戏楼
2. 垂青樾　　　7. 蝠池（旧名"蝠　11. 滴翠岩　　　16. 吟香醉月
3. 翠云岭　　　　河"）　　　12. 绿天小隐　　17. 观鱼台
4. 曲径通幽　　8. 榆关　　　　13. 邀月台
5. 飞来石　　　9. 沁秋亭　　　14. 蝠厅

恭王府及其花园（萃锦园）平面示意图

于内城什刹海，占地约二点七公顷。恭王府是道光皇帝第六子恭亲王奕䜣的府邸，其前身为乾隆时大学士和珅的邸宅。萃锦园作为王府附园，由于园主人具皇亲国戚的尊贵身份，在园林的规划上也有不同于一般宅园的地方。这主要表现在总体布局的中、东、西三路划分，显示王府气派的严肃规整。建筑的分量较重，形象浓艳华丽，但山景、水景、花木之景也比较突出，仍不失风景式园林的意趣。

西北郊自从康熙以后逐渐形成皇家园林特区，相应地开发出万泉庄水系和玉泉山水系作为园林供水的来源。

由于皇帝园居已成惯例，因而在皇家园林附近陆续建成许多皇室成员和元老重臣的赐园、别墅园，到乾隆时达到空前兴旺的局面。它们几经兴废，一直保存到清末，其中有的是清初旧园的重修或改建，大量的则是乾隆及以后新建的，绝大多数集中在海淀一带。

由于水资源丰富，这些园林几乎都是以一个大水面为中心，或者若干水面为主体，洲、岛、桥、堤把水面划分为若干水域，从而形成水景园，这与城内的一般宅园因缺水而较乏水景的情况就大不相同了。

万泉庄水系连缀的一系列赐园、别墅园之中，淑春园、蔚秀园、鸣鹤园、朗润园、镜春园、集贤院于20世纪20年代为燕京大学购得，建成校园的主体。新中国成立后，燕京大学撤销，其校舍成为北大校园的一部分。熙春园（清华家再没有财力来经营园林了。

第一次鸦片战争后中国开始沦为半殖民地半封建社会；咸丰年间的第二次鸦片战争，英法联军占领北京，焚烧劫掠圆明园及西北郊诸园，一代名园胜苑，于数日间被付之一炬。

光绪十四年（1888），慈禧太后重修清漪园，改名"颐和园"。

光绪二十六年（1900），八国联军占领北京，洗劫宫禁，颐和园虽未遭焚毁，但也受到严重破坏。

至于西北郊的其他宫苑，由于管理不善，残留的建筑物陆续被拆卸盗卖，劫后的遗址逐年泯灭。

到清末，大部分均化为断壁残垣、荒烟蔓草、麦垄田野了。

北京作为四朝帝都，物华天宝，人杰地灵，历来都是贵族、官僚、文人名流、学者云集之地。他们受过良好教育，文化素养很高，形成强大的社会势力和文化圈。他们所经营的园林，必然较多地着上文人士大夫的色彩而形成精英风格，引领民间私家造园的主流。

明代，见于史籍记载的这类园林六十余处，有建在城内的宅园，也有建在城郊用作休闲避暑的别墅园。西北郊的海淀一带，泉水充沛，湖泊罗布，风景宛若江南。贵戚、官僚纷纷到这里占地造园，逐渐发展成为别墅园林集中的地方。其中，文献记载较详、文人题咏较多，也是当时最有名气的当推清华园和勺园（图11）。

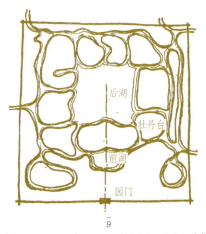

$\overline{9}$

康熙时的圆明园平面示意图，环后湖的九座小岛象征着"九州"，
居中在前者为"九洲（州）清晏"，意为四海安宁

$\overline{10}$

圆明园四十景图之"九洲（州）清晏"

园）与近春园则是早期清华大学校园的主体部分，至今仍为该校校园的核心。可以这样说，北大、清华这两所著名高等学府的校园，乃是在许多古典园林的基础上开发拓展建成的。这种情况形成了两个校园的独特风格，也反映了当年海淀一带别墅园林的密集程度。

北京自辽金以后，佛教、道教盛行，佛寺、道观遍布城内和城郊，大多数都有园林的建置即寺观园林。其一种情况是建置单独的附园，犹如住宅的宅园，除极个别的特例寓有宗教象征性或者某些景题含有宗教内容之外，与宅园并无多大区别，只是更朴质简练一些。

其另一种情况是寺观庭院绿化，一般说来，在主要殿堂的庭院多栽植松、柏、银杏、杪椤、七叶树等姿态挺拔、虬枝古干、叶茂荫浓的树种，以适当地烘托宗教肃穆气氛；而在次要殿堂、生活用房和接待用房的庭院内，则多栽植花卉及富于画意的观赏树木，个别的还点缀山石水竹，体现所谓"禅房花木深"的怡人情趣，往往成为文人吟咏聚会的场所，群众游览的地方，不少还以古树名木、花卉栽培而名重一时。例如外城的法源寺，始建于唐代，清乾隆时花事最盛，庭院遍植各种名花，素有"花之寺"的美誉。

城郊山野地带的寺观，更注意结合所在地段的地形、地貌而创为寺观周围的园林化环境。

潭柘寺便是典型的一例。它位于西北郊的小西山上，是北京最古老的佛寺之一，俗谚云："先有潭柘寺，后有北京城。"三路五进的庞大建筑群，殿堂崔巍华丽，庭院花木扶疏，穿插以叠石假山、潺潺流泉，园林气氛十分浓郁。周围九峰环列的地貌形胜，犹如玉屏翠嶂之烘托，构成"九龙戏珠"之景。故历来就是北京的游览名胜地，文人亦多有诗文咏赞的。

诸如此类的寺观广泛散布在西北郊的山区以及平原、河湖地带，成为自然风景的重要点缀，或以寺观为核心而形成风景名胜区。

大型的皇家园林甚至把佛寺包容在内而形成为园景的一部分，如静宜园的永安寺，清漪园的大报恩延寿寺即颐和园的排云殿、佛香阁的前身和"须弥灵境"（图13）等。

最后，谈一谈为居民提供公共交往、游憩场所的公共园林。它们多半是利用河、湖、水系加以园林化的处理或者城市街道、胡同的绿化，也有因就于名胜古迹、寺观而稍加整治改造的，绝大多数都没有墙垣的范围，呈开放的、外向型的布局。北京河、湖、水系的整治，自元代开始曾经进行过多次，许多公共园林和公共游览地随之而被开发出来。

譬如，明代西北郊的西湖（昆明湖的前身），周围广开水田，湖中遍植荷、蒲、菱、茭之类的水生植物，尤以荷花最盛。沿湖堤岸上垂柳回抱，柔枝低拂，衬托着近处的玉泉山、瓮山和远处西山的层峦叠翠。沙禽水鸟出没于天光云影中，环湖的十座佛寺掩映在绿荫潋滟间，更增益了宛若江南风光之美。西湖遂成为京郊著名的公共园林，春秋佳日，游

13
颐和园"须弥灵境"建筑群复原鸟瞰

者熙熙攘攘；每年四月，京师居民例必举行游湖盛会；夏天荷花盛开，西湖游人更多。

内城北部的什刹海是城内最大的一处公共园林，水源来自西北郊的白浮、玉泉诸水，汇入西湖，再经长河从北城墙下流入。什刹海包括三个大水面——后三海，沿岸聚集了许多贵戚官僚的园林、佛寺以及商店市肆、酒楼、茶馆等，吸引着各阶层的居民前来消闲游赏，聚会宴饮，娱乐购物。它与大内西苑的前三海相连接，形成所谓"六海"，占去内城相当大的一部分面积。六海的广阔水域，结合于周围的大片绿化种植，并通过长河又与城外西北郊的大自然生态环境相连接，这对于城市环境质量的改善起到了巨大的积极作用，直到今天，北京人仍然能享受到它的效益。

下编

名山风景

名山风景区浅议

*

　　我国有一句俗谚:"天下名山僧占多",这说明了我国佛教(也包括道教)与山岳、山岳风景的密切关系。就国内风景名胜区的现况看来,以山岳的自然景观之美而兼具佛、道宗教人文景观之胜的为数不少。它们一般都远离城市,有一定的环境容量,可作多日游,至少一日游。它们曾经是或者现在仍然是全国性的或地方性的佛、道宗教活动中心;由于开发较早而形成一个稳定的区域格局,由于历史悠久而展示深厚的文化积淀。从保护民族文化遗产和开展现代旅游的角度加以评价,它们都是内容丰富而又有自己特色的文化资源旅游对象。因此,应该作为风景名胜区的一个特殊类型来看待,姑且名之曰"名山风景区",或者"宗教名山风景区"亦无不可。国务院第一批公布的四十四处重点风景名胜区之中,大约三分之一属此类性质。

　　世界各民族的原始时期,大抵都有崇拜山岳、把山岳

---

*　　原载《中国园林》1985年第1期。

神灵化的现象，汉民族当然也不例外。如果按照美国语言学家萨丕尔（Edward Sapir）的论断："在文化的各个方面中，语言最先获得高度发达的形式。语言的完美是发展整个文化的一个前提。"那么，汉语中有关山的整体和局部的单字和单词积累数量之多，分门别类之细，在世界各种语系中恐怕要算首屈一指。这就可以从一个小小的侧面看出汉民族对于山的认识的深度和广度、山的形象与民族文化发展的密切关系。

我国是多山的国家，山地约占国土总面积的百分之六十五，不同的性质、地理、气候和植被条件又赋予山岳景观以极其丰富多样的外貌和内涵。汉民族文化的摇篮 —— 黄河流域和中原一带山脉延绵、大河蜿蜒，先民们生息繁衍于这样的环境里面，雄伟、险峻的高山给予他们的印象自然格外深刻。早在殷商的卜辞中，就有"二山""五山""十山"等称谓以及崇拜、祭祀山岳的记载。

先民们之所以崇拜山岳，一则由于山的奇形怪状好像神灵的化身，其中称之为"岳"的大山犹如通往天上的道路，所谓"崧高维岳，骏极于天"（《诗经·大雅·崧高》）；再者，高山岩谷间涌出滚滚的白云，人们视为神灵在兴云作雨。于是把山神作为祈求风调雨顺的对象来崇拜，即《礼记·祭法》所说的"山林川谷丘陵，能出云、为风雨、见怪物，皆曰神"。统治阶级标榜自己"奉天承运"、代表上天来统治人间，风调雨顺又是原始农业生产的首要条件、国计民生攸关的第一要务。所以，周代的封建诸侯都要奉自己封土内的主要山岳为神祇，《山海经》记载了当时所崇奉的山岳名称和祭礼情况：全国范围内共二十六个山区计四百五十一座山，祭品为璜、珪、璧、琮等玉石类和鸡、狗、羊、彘等动物。其中四座最高的山即所谓"四岳"特别受到重视，不仅祭礼隆重而且有的还由天子亲临主持，这就是所谓封禅大典。

"四岳"之一的泰山位于当时文化最发达的齐鲁平原的腹心，当时的人们设想人间最高的统治者应该到这座最高的山去祭祀天上最高的神祇。这种祭祀活动正式见诸史籍是从秦始皇开始的，秦始皇统一全国后以皇帝的身份登泰山祭天谓之"封"，在附近的梁父山祭地谓之"禅"；并规定自崤山以东的太室（嵩山）、恒山、泰山、会稽山、湘山五座及华山以西的七座为天下名山，令祀官每年供奉牛犊、圭币、脯酒。此后，"封禅"便成为封建王朝的旷代大典而沿袭。

以"四岳"为首的名山，被儒家经典描写为"能大布云雨焉，能大敛云雨焉，云触石而生，肤寸而合；不崇朝而雨天下，施德博大"（刘向《说苑》）。它们既能耕云播雨、造福人类，就好像人间有施德博大的圣人一样，因此，这些名山都被当作至尊无上的"圣山"，人们甚至构思出"昔盘古氏之死也，头为四岳，目为日月，脂膏为江海，毛发为草木"（梁·任昉《述异记》）的神话。

汉代，正式确立"五岳"和"四渎"而定出祭祀之礼。"五岳"即嵩山、岱（泰山）、天柱山（后改衡山）、华山、恒山，"四渎"即长江、黄河、淮水、济水。"天子祭天下名山大川，五岳视三公，四渎视诸侯"（《礼记·王制》）。山与水在祭礼方向存在着差别，这说明"五岳"的地位居于"四渎"之上，山比水更为神圣一些。据《史记·封禅书》的记载，汉代帝王亲临致祭或派人代祭的圣山除"五岳"之外，还有二十四座，计：山东十座、陇西七座、中原四座、江南三座；以后又增加所谓东镇沂山、南镇会稽山、中镇霍山、西镇吴山、北镇医巫闾山，即"五镇"，通为帝王神道设教的禁区，老百姓是很少登临的。

对山的崇拜，以山为神灵的化身，结合于阴阳五行之说和当时所具备的地理学知识，逐渐发展成为后世流行的风水堪舆术。

对山的崇拜，也是孕育我国早期美学思想的因素之一。儒家认为大自然之所以能够引起人们的美感，在于自然事物本身的形象表现出一种与人的美德相类似的特征。孔子云："仁者乐山，知者乐水。"仁者何以会喜欢山呢？儒家解释道："夫山者，恺然高。恺然高，则何乐焉？夫山，草木生焉，鸟兽畜焉，财用殖焉，生财用而无私为，四方皆伐，无私与焉。出云雨以通乎天地之间，阴阳和合，雨露之泽，万物以成，百姓以飨，此仁者之乐于山者也。"（《尚书大传》）在儒家看来，山具有与仁者的高尚品德相类似的特征，因此，"仁者愿比德于山，故乐山也"（刘宝楠《论语正义》），这就是儒家从伦理道德的角度所认识的自然美。

人们不仅把山当作神灵的化身，还幻想为神仙居住的地方。

秦汉迷信神仙之说，认为神仙来去飘忽于太空，栖息在高山，方士们为此而虚构出种种依附于山的神仙境界。其中流传最广的要数东方的海上仙山和西方的昆仑山，这也是我国最古老的两个神话体系的渊源。

东海仙山在山东蓬莱县沿海一带，据《史记·封禅书》载：

> 自威、宣、燕昭使人入海求蓬莱、方丈、瀛洲。此三神山者，其傅在勃海中，去人不远；患且至，则船风引而去。盖尝有至者，诸仙人及不死之药皆在焉。其物禽兽尽白，而黄金银为宫阙。未至，望之如云；及到，三神山反居水下。临之，风辄引去，终莫能至云。

看来是一种海市蜃楼的幻象。秦始皇信以为真，为求长寿曾多次派方士泛海去三仙山寻找不死之药，当然毫无结果。于是汉代的皇帝遂退而求其次，采取变通的办法在宫苑内凿池堆山把这种虚无缥缈的神仙境界以园林的形式再现到现实生活中来。

昆仑山位于新疆，西接帕米尔高原，东面延伸至青海境内；层峰叠岭，势极高峻。按《淮南子》的描写，此山共有三层："昆仑之丘，或上倍之，是谓凉风之山，登之而不死；或上倍之，是谓悬圃，登之乃灵，能使风雨；或上倍之，乃维上天，登之乃神，是谓太帝之居。"《穆天子传》记述周穆王巡游天下曾"升于昆仑之丘，以观黄帝之宫"，黄帝之宫即黄帝在下界的宫城；悬圃又名"元圃"，乃黄帝在下界的一座大园林，它的位置极高峻，好像悬挂在半空里。从悬圃往上走可以通达天庭，在这里放眼四望，景界开阔无垠，往东能一直看到中原的恒山。昆仑山顶有一大池名"瑶池"（一说在崦嵫山），周穆王曾在此处宴请仙人的首领西王母。

东汉时兴起的道教进一步利用、发展了这类富于浪漫色彩的神仙山居的迷信，把三仙山增为五仙山："渤海之东……有五山焉，一曰岱舆、二曰员峤、三曰方壶、四曰瀛洲、五曰蓬莱。其山高下周旋三万里，其顶平处九千里，山之中间相去七万里以为邻居焉。其上台观皆金玉，其上禽兽皆纯缟。珠玕之树皆丛生，华实皆有滋味，食之皆不老不死。所居之人皆仙圣之种……而五山之根无所连着，常随波上下往还……"（《列子·汤问》）五山之外，更创为十洲即十座岛山的说法：祖洲、瀛洲、玄洲、炎洲、长洲、元洲、流洲、生洲、凤麟洲、聚窟洲（东方朔《海内十洲记》）；另外，天师道所宣扬的"天下二十四治"之中，有二十三"治"是山岳。人们理想中神仙居住的仙山，数量也大为增加。

无论看得见的"圣山"形象，或者理想中的"仙山"境界，都足以说明在先秦、两汉时期，山这种自然物尚披覆着各式各样的神秘帷幕，人们对它的认识是持着敬畏的宗教感情和严肃的伦理"比德"的审美态度。到魏晋南北朝，情况有了变化。

魏晋名士的代表人物"竹林七贤"，经常以饮酒、服食五石散来麻醉自己，以狂猖来发泄不满情绪，而最好的自我解脱则莫过于到远离人事扰攘的山林中去寻求大自然的慰藉；这后者正是老庄倡导的返璞归真的主旨之所在。因此，名士们都崇尚古代的隐逸，喜欢到山际水滨啸傲行吟。在他们的影响下，逐渐形成了知识界游山玩水的浪漫风气，原来带有迷信色彩的修禊活动，也作为大众性的春季野游而普遍盛行起来。

当北方陷于各少数民族政权更迭战乱之时，晋室南渡来到风景绮丽远在北方之上的江南地区。因避乱而南迁的汉族士人本来就怀着向往自然、渴慕林泉的激情，一旦置身于江南明山秀水的自然环境之中，则游山玩水风气之更为炽盛，自是不言而喻。《晋书·王羲之传》记述了南迁士族的代表人物王羲之"初渡浙江，便有终焉之志"；号称三吴之一的会稽郡的风景更令他流连不已，因而发抒出这样的赞叹："山阴道上行，如在镜中游。""大矣造化工，万殊莫不均。群籁虽参差，适我无非亲"。画家顾恺之从会稽游玩归来，"人问山川之美，顾云：千岩竞秀，万壑争流，草木蒙笼其上，若云兴霞蔚"。这样一些对大自然景物有感而发的由衷的讴歌，都是秦汉时期所未见到过的，很足以代表当时一般士人的思想感情。

山水风景陶冶了士人们的性情，他们亦多以雅好山水，能品鉴风景之美而自负。"（晋）明帝问谢鲲：君自谓何如庾亮？答曰：端委庙堂使百僚准则，臣不如亮，一丘一壑自谓过之"（刘义庆《世说新语》）。陶渊明自诩"少无适俗韵，性本爱丘山"，尽管在贫穷困顿的时候亦不忘"三宿水滨，乐饮川界"。自然之美，甚至还被借用作为品藻人物的形貌、气质的标准。

寄情山水，向大自然倾注纯真的感情，进而探索山水之美的内蕴，便成了文人士大夫精神生活的一个主要方面。文坛上一度流行的玄言诗到南北朝时很快就消失了，代之而兴的是山水诗。山水诗突破了"比德"的范畴，"俪采百字之偶，争价一句之奇，情必极貌以写物，辞必穷力而追新"（刘勰《文心雕龙·明诗》）。诗人们直接以自然风景为描写对象，为了状貌山川形神之美，不仅运用精练工巧的艺术语言，而且还借物以言志，抒发自己的感情。山水画自刘宋的宗炳和王微已开始萌芽，"山水"一词在文学语言里面被用作自然风景的代称。这些都反映了人们对于自然美的认识的普遍和深化，从而形成这个时代的美学思潮的主流。

由于时代美学思潮的潜移默化，秦汉以来的风景式园林已逐渐脱离其原始的状态，得以更精练概括地再现自然风致之美而升华到一个更高的艺术境界；自然风景区作为游赏的对象也陆续开发出来并施以相应的人工建置。山水诗文的涌现、风景式园林的发展、自然风景区的开发建设，此三者彼此促进，互为启迪，这就决定了我国的园林、诗文、绘画这三个艺术门类在以后漫长的历史时期中与自然风景的极其密切的关系。

这时候，山在人们心目中已经起了变化。以往那种求仙通神的激情逐渐淡薄下来，"仁者比德"的伦理象征亦逐渐消减其色彩。山，仿佛揭去了那种神秘的外衣，完全成为赏心悦目、畅情抒怀的审美对象而呈现在人们的面前。自然生态开始被利用而纳入于人的无限广阔的居处环境的领域内，自然美与生活美相结合而向着环境美转化。这一伟大的转变，是人对大自然的再认识，是Landscape Architecture（风景式园林）的萌芽；它的出现要早于欧洲文艺复兴大约一千年。

文人士大夫长途跋涉，以游山玩水来畅情抒怀，许多山水风景因此而知名于世。但在当时的交通条件之下，游山玩水必须付出艰辛的代价，并非一件轻松的事情。谢灵运为了游山而雇用数百人为他伐木开道，宗炳西游荆巫、南登衡岳也只能走马观花。况且他们之中的大多数并不愿意放弃城市的享乐生活而又要求悠游山林之趣，这种两全其美的情况只有通过两种办法才能获得。一是经营园林，即所谓"不下堂筵，坐穷泉壑"，这就是当时的私家园林之所以兴盛的主要原因，也就是清代的李渔所说"幽斋磊石（即造园）原非得已，不能致身岩下与木石居，故以一拳代山、一勺代水，所谓无聊之极思也"（李渔《闲情偶寄》）的道理；二是经营邑郊风景区，这种风景区邻近城市可以当日往返，著名的会稽"兰亭"即其雏形。至于那些远离城市的深山野林，虽然风光绮丽多姿但生活条件毕竟艰苦；真正长期扎根于斯，做筚路蓝缕的开发、锲而不舍的建设，实际上乃是借助于方兴未艾的佛、道宗教力量才得以完成。

佛、道两教作为名山风景区开发建设的先行，一方面固然出于宗教本身的目的和宗教活动的需要，另一方面也是受到时代美学思潮影响的必然结果。

名山风景区再议 *

　　佛教的经典中记述了许多古印度的圣山，如像宇宙中心和众神居住的须弥山，佛说法的鹫峰、灵山，等等；僧侣们效法佛祖，怀着出世的感情，又多少受到老庄思想的影响而纷纷到深山中去寻求幽静清寂的修持环境。道教渊源于道家，道家木来就以崇尚自然、返璞归真为主旨，仙山又是神仙居处之地，道士们当然都要进入深山修身养性、采药炼丹了。为了在一向人迹罕至的深山里面提供僧侣、道士们以长期居住的地方和进行宗教活动的场所，就必须修建佛寺、道观以及相应的设施。当时的僧、道多是文化素养很高的，他们像文人名士一样广游名山大川，热爱山水风景之美，对此也具备一定的鉴赏能力。究竟选择什么样的山林环境？在这个环境里面如何经营寺、观建筑？就不仅应着眼于宗教活动的需要，还必然会更多地以自然景观的赏心悦目作为积极因素来考虑，并且在实践中力求此两者的相辅相成；换言之，

*　　原载《中国园林》1985年第2—3期，此次收入略有增补。

就是把宗教的出世感情与世俗的审美要求结合起来，运用于寺、观建筑地段的选择。试看《高僧传》中有关东晋高僧慧远在庐山经营东林寺的一段文字描写：

……洞尽山美；却负香炉之峰，傍带瀑布之壑。仍石垒基，即松栽构。清泉环阶，白云满室。复于寺内别置禅林。森树烟凝，石径苔合。凡在瞻履，皆神清而气肃焉。

类似的记载也散见于时人的著作中。例如：

康僧渊在豫章，去郭数十里立精舍，旁连岭、带长川。芳林列于轩庭，清流激于堂宇。

—— 刘义庆《世说新语》

肥水自黎浆北径寿春县故城，东为长濑津……又西北右合东溪。溪水引渎北出，西南流径导公寺西。寺侧因溪建刹五层，屋宇闲敞，崇虚峣峣也。……

肥水西径寿春县故城北，右合北溪。水导北山，泉源下注，漱石颓隍，水上长林插天，高柯负日，出于山林精舍右，山渊寺左……溪水沿注，西南径陆道士解南。精庐临侧川溪，大不为广，小足闲居，亦胜境也。

—— 郦道元《水经注》卷三十二

这些片段的文字材料，即足以说明当时的寺观营建或倚山或临水，与优美的山水风景相结合的一般情况。而庐山，则可以作为名山风景区早期的开发建设的典型例子。

庐山位于长江中游的江州（今九江），一山飞峙大江边，诸峰巍然挺秀。慧远跟随他的师父道安遍游北方的太行山、恒山之后，南下荆门，经过庐山时流连于此山风景之秀美，遂留下不走了。慧远在江州刺史桓伊的帮助下建寺营居，这就是庐山上的第一座佛寺——东林禅寺。他在庐山一住三十年，组织社团白莲社聚众讲学，白莲社成员有佛教徒、玄学家、儒生共一百二十三人。慧远以深通佛理而被尊为南方佛教的宗师，也是一位颇有文采的文人，所著诗文对庐山景物做了绘声绘色的状写。他与白莲社成员除了讲论佛法之外亦以文会友，庐山风景的美名借此而广泛地传扬开去。

随后，道教势力亦接踵而至。南朝刘宋时的著名道士陆修静漫游长江一带之后来到庐山紫霄峰下构筑道观简寂观，住在这里修身养性、传播教义、撰写经籍。从此，佛寺、道观陆续兴建而遍布整个庐山。

有了寺、观作为宗教基地和接待场所，以宗教信徒为主的香客、以文人名士为主的游客纷至沓来，晋宋间著名文人谢灵运就曾两度登庐山，借宿于东林禅寺内。人们为了便于香客和游人往返而修筑道路，为了更好地点缀风景而在道路沿线和寺、观周围建置各种园林设施。到唐代，庐山已经是寺、观林立，著名的佛寺有"五大丛林"，道观更多。信奉道教、自诩"五岳寻仙不辞远，一生好入名山游"的大诗人李白三次遨游庐山，并曾一度结庐隐居以偿他"仆卧香炉顶，餐露漱瑶泉"的夙愿。另一位大诗人白居易在香炉峰北、遗爱寺南构筑草堂别业，写下脍炙人口的《庐山草堂记》，记载了"春有锦绣谷花，夏有石门涧云，秋有虎溪月，冬有炉峰雪"的四时美景。元集虚爱庐山之胜景，亦结溪亭于五老峰下。宋代理学家周敦颐晚年定居庐山，在莲花峰麓的濂溪畔修筑濂溪书堂，并效法东晋慧远的前尘结青松社。另一位理学家朱熹在五老峰南麓的后屏山之阳建白鹿洞书院聚徒讲学，书院规模宏大，殿宇书堂共三百余间，是为当时闻名全国的学府。欧阳修、苏洵、苏轼、陆游等都一再登临庐山，留下了许多不朽的诗文。庐山风景之美经过他们的吟咏描绘，更其著称于世乃至远播海外。历代的高僧、道士、文人、名流在山上的趣闻逸事以及有关佛、道的神话传说，附会于某些景物的形象而逐渐积累为丰富多彩的人文景观。到唐宋时期，庐山已具备名山风景区的完整规模了。

传统的五岳之类的圣山，其中的大多数有的由道教直接继承下来，有的成了佛教的中心；它们在佛、道宗教建设的过程中都逐渐转化其性质而成为名山风景区。

所以说，僧、道先行，文人名士继之，以寺、观为主体的宗教建设与世俗的风景建设相结合，这就是历来的名山风景区开发建设的一贯的特色。

在开发建设的初期阶段，大体上是佛道共尊，寺观并存。到后来，佛教和道教由于统治阶级的扶持而各自依靠社会势力和政治背景，彼此展开争夺、排挤。其结果，遂出现一种宗教独据一山的情况，如像佛教的"四大名山""八小名山"；道经《云笈七签》中所列举的"十大洞天""三十六小洞天"的绝大部分均为道教独据的名山。隋唐开始，寺、观占有大量土地的情况日益普遍，进而发展为地主经济。寺、观相当于大地主，内部的管理体制也日趋严密。经济上的权益与教义上的宗派相结合，宗派之间的门户之见更深，于是，又出现一山为一个宗派所独据或以某一宗派为主的情形，例如天台山的佛教天台宗、五台山的佛教密宗、青城山的道教天师派、武当山的道教全真派等。像衡山那样一直保持着"佛道共尊"的局面的，恐怕是凤毛麟角了。

如今，遍布于全国各地的名山风景区至晚在宋代就已经开始有寺、观的建置，试举比较著名的几处为例：

千　山　辽宁　佛教　唐代始建"五大禅林"

五台山　山西　佛教　东汉永平年间始建大孚灵鹫寺

恒　山　山西　道教　北魏始建悬空寺

华　山　陕西　道教　唐贞观年间始建长春石室

华　山　山东　道教　宋大中祥符年间始建昭真祠（今名"碧霞祠"）

崂　山　山东　道教　宋建隆年间创建太清宫

武当山　湖北　道教　唐贞观年间始建五龙祠（后名为"兴圣五龙宫"）

峨眉山　四川　佛教　晋代始建普贤寺（后建万年寺）

青城山　四川　道教　晋代始建上清宫

鸡足山　云南　佛教　唐代始建迦叶殿

玉泉山　湖北　佛教　梁代始建覆船山寺（隋代改为"玉泉寺"）

衡　山　湖南　佛道两教　梁天监年间始建南台寺

九华山　安徽　佛教　唐至德年间始建化城寺

齐云山　安徽　道教　唐元和年间始建石门寺

宝华山　江苏　佛教　梁代始建佛寺

天台山　浙江　佛教　隋开皇十八年始建国清寺

普陀山　浙江　佛教　唐大中十二年始建不肯去观音院

武夷山　福建　道教　唐天宝年间始建天宝殿

鼓　山　福建　佛教　后梁开平二年始建涌泉寺

庐　山　江西　佛教　东晋太元九年始建东林寺

　　一些古老的传统圣山到唐宋时大体上已完成其向名山风景区的转化，东晋以后陆续开发的名山风景区到此时也已经具备完整的规模。唐宋时期，佛教和道教空前兴盛，皇帝多有佞佛或崇道的，民间亦广泛流布，于是又出现许多新的名山风景区。宋以后，名山风景区的开发相对而言就比较少了。

除了宗教之外，文人的游山活动，经营山居和诗画艺术的发展也是促成名山风景区臻于全盛的因素。

唐宋时期，文人名流的游山活动较之魏晋南北朝时更为普遍活跃，形成庞大的旅游队伍。之所以出现这种情况，一方面固然由于名山寺观的大量建置和完善的设施为原始型旅游提供了方便条件，另一方面则由于科举取士制度确立，政权机构已不再为门阀士族所垄断。文人与官僚合流，有了晋身之阶，却不可能像门阀士族那样有世袭的保证，宦海沉浮，升迁贬谪无常是他们的共同经历。这种经历又导致共同的处世哲学：达则兼济天下，穷则独善其身；思想上表现为儒、道、佛兼容的多元心态：既以儒家的涉世为主，又兼有道家的避世和佛家的出世。他们在朝为官，努力做出一番事业，但亦忘情于山水之乐，担任地方官职和官职调动期间都要饱览当地和沿途的名胜风景。做官与游览几乎不可分离，所以叫作"宦游"。一旦失意致仕，则往往浪迹山林有如闲云野鹤，与僧道为友，寄托自己宦海沉浮、政治抱负未能实现的情愫。再者，当时全国统一，各地经济交往频繁，物资供应充足，水陆交通方便，为旅游活动提供了前所未有的物质条件。因此，文人名流无论在朝者、在野者、得意者、失意者，咸以游览山水风景为赏心乐事，祖国的名山大川无处不留下他们的游踪。如李白、杜甫、白居易、苏轼等这样一些人，既是大文豪，也是旅行家。可以这样说，旅游尤其是名山之游，已经成为文人名流的生活中必不可少的一项活动，所谓"行万里路，读万卷书"。一个没有过任何名山大川之游经历的文人，也就很难确立其文人名流在社会上的地位。名山大川哺育了一代文人的成长，铸造了一代文人的性格。

唐代大诗人李白的游山玩水的活动堪称文人名流中之典型者。我们不妨将他毕生的主要游踪，按年龄大致排列如下——

22岁　离开家乡四川绵州，游峨眉山，在青城山隐居两年。

25岁　出川，经三峡南游洞庭湖。

26岁　游襄阳，登庐山，东下金陵、扬州。

27岁　还云梦结婚，居安陆。

28岁　游江夏。

30岁　赴长安，居终南山。

31岁　离长安，沿黄河东下，寄居梁园。

33岁　返回安陆。

34岁　游襄阳、龙门，与道士元丹丘共游嵩山。

35岁　游太原。

36岁　移家山东。此后的四五年内出游洛阳、南阳等地。

42岁　登泰山，旋南下游越地，与道士吴筠共居剡中。后经吴筠举荐，应诏入长安，被任命为供奉翰林之官职。在长安广泛结识道士、文人、名流，并与之共游长安附近的山水风景。

44岁　离开长安，至汴州再次结婚。与高适、杜甫共游大梁等地，受"道箓"于紫极宫。

45岁　由任城至兖州，与杜甫同游，旋赴扬州，再入越州。

46岁　盘桓于扬州、苏州、淮安等地。

47岁　游金陵，居当涂横望山。游会稽，寓金陵。

48岁　西游霍山，至庐江，旋返金陵。

51岁　回山东省亲，旋赴梁园，北游塞垣。

52岁　游广平、邯郸等地。北上，游蓟门，抵幽州，游黄金台等名迹。

53岁　再游太原。继而离梁园南下，到宣城、金陵。

54岁　游广陵、金陵。往来于宣城、秋浦、南陵等地，曾登黄山、九华山。

56岁　往来于宣城、当涂、溧阳之间，再游黄山、九华山。旋经金陵、秋浦至浔阳，隐居庐山。应永王李璘之聘，随永王的水师东下。

58岁　因附永王叛乱，被流放夜郎，途经江夏等地。

59岁　流放途中遇赦，移舟回江陵，南游岳阳、洞庭、零陵等地。

60岁　返回浔阳。

61岁　游金陵，往来于宣城、溧阳二郡间。

62岁　在当涂养病，游横望山，卒于当涂。

可见李白的一生，大部分时间是在浪迹天涯、周游名山大川中度过。他才华横溢，又是虔诚的道教徒，因而游山活动充满了访道求仙的浪漫色彩。李白少年时代学过武术，有强健的体魄，经济上得到经商的兄长的资助，这些固然都是他得以仗剑远游的优越条件，但当时知识界的社会风气、时代思潮、文化背景应该说是一个更重要的客观因素，促使他把经年不断的旅游活动作为生活中不可或缺的一部分。大地山川的灵气为他的文学生涯提供了大量滋养，他在诗歌创作上所取得的杰出成就，山水诗是其中的主要者，"兴酣落笔摇五岳，诗成笑傲凌沧洲"。他那丰富的想象力，饱含着感情的笔触，写出了传神的歌颂名山景物的诗篇。其所体现的热爱祖国山河、热爱大自然的情怀，无异于把他自己的人格融化在大自然之中，所以后人称颂李白的诗歌为"五岳为辞峰，四溟作胸臆"。

唐宋时期兴起的文人名流的广泛游山活动，使得知识阶层对山水风景自然美的鉴赏能力在上代的基础上大为提高和深化。

"唐宋八大家"之一的柳宗元，他的山水散文具有精雕细刻、情景交融的特点，描写景物字凝语练，形神兼备，而且还对山水的自然美进行过适当的理论探讨。譬如，他认为山水风景不仅予人以视觉和听觉的感受，也能通过此两者作用于人们的心理，陶冶人们的性情，他还创立了鉴赏自然风景的"旷""奥"理论。这类很有见地的风景美学的议论，也见于其他散文名家的著作中。

文人名流以其高度的文化素养，通过对山水风景的长期的细致的观察，从宏观的角度提示出山水之所以成为风景的构景规律及其如何激发人们的审美感受，对于名山风景鉴赏水平和开发建设水平的提高，都起到了一定的促进作用，当然，也带动了以文人名流为首的群众性的名山旅游活动的进一步开展。这些，又都有助于原有名山风景区的内容的充实，风景质量的提高，在一定程度上也促进了新的名山风景的开发建设。

随着文人名流游山活动的兴盛，他们在风景优美的名山结庐营居的情况亦较之前期更多地见于史载。结庐营居的内容不仅有山庄别墅，还有讲学授徒的书院和学舍。各地名山别墅的数量陡增。别墅的主人固然有甘心情愿终老了林泉生活的，但相当多的并非真正的隐者，而是以栖息山林作为政治上出入进退的一种韬晦策略，也是亦儒亦道亦佛的多元心态的表现。当然也有官场失意或遭贬谪或为"中隐"，而在名山结庐、借山水之乐以寄托情思的，大诗人白居易经营的庐山草堂便是很有代表性的一个例子。

宋代，知识界得到了中国封建社会历史上罕见的一定程度的言论自由。于是，理学的学派纷呈，学术讨论呈现出魏晋以来的最为活跃的局面。众多的学派各有师承，开设书院聚徒讲学，民间的乡党之学遂相对于官学和私学而大为兴盛起来。民办的书院受到佛教禅宗丛林制度的影响，其组织体制逐渐严密，成为各地硕学大儒讲授理学经典的教育场所。这些书院遍布全国各地，促进了地方学派的形成，是为中国教育史上的一个特殊传统。这些大小书院也像禅宗佛寺一样，大多建置在郊野风景地带，为的是寻求一个清幽宁静、没有人世扰攘的自然环境，显示学者们的清高脱俗，同时也便于管理约束生徒，有利于生徒们心无旁骛，潜心学习。其中的相当一部分即建置在名山风景区内，例如，中岳嵩山先后建有嵩阳书院、少室书院、颍谷书院等多处。嵩阳书院利用唐代古寺嵩阳观旧址，执教的有宋代著名理学家程颢、程颐兄弟，为宋代理学的"二程"学派的学术基地。再如南岳衡山，李泌的别墅旧址经后人改建为邺侯书院，以藏书丰富而饮誉当世；此外，又新建清献书院、文定书院、南轩书院等。宋代的著名学者赵抃、胡安国、张栻等人曾先后在衡山讲学。因此，宋以后的衡山，已不仅是佛道宗教圣地，同时也成为华南地区的一处文化教育中心。这类书院往往也像寺观一样，成为名山的重要风景点而吸引观光的游客。再者，主持书院的山长都是一代硕学大儒，名望既高，更招来游人云集。人们游其境揽其胜，留下诗文吟咏，碑碣题刻之类，既反映了当时学术研究的情况，其咏赞景观之美则又为名山风景平添一笔人文的色彩。其影响及于社会而相应地提高了名山的知名度，对于名山风景区的开发建设当然也会起到一定的促进作用。

唐宋是山水文学、山水画大发展的时代，山水文学家和山水画家辈出，一时形成群星灿烂的局面。他们的创作数量之多，题材之广泛，手法之多样，状写之细腻，思想蕴含之深广等，均远远超过魏晋南北朝。其内容之博大精深，在世界艺术史上独树一帜，曾经大放异彩。山水文学和山水画创作的源泉来自大自然风景，它们的发展成熟也必然会反过来给予大自然风景的开发以更多的影响，在一定程度上带动了风景区的开发建设，从而又形成了山水文学、山水画、山水风景区此三者的同步发展的情况。

山水文学包括诗、词、散文、题刻、匾联。诗与散文则是其中的最主要者。中国是诗歌的王国，而山水诗又占着相当大的比重，是诗歌创作中的一朵奇葩。山水诗（包括游仙诗）以山水风景的自然景观和人文景观为题材和描写对象，同时也反映了作者的思想面貌、精神品格、生活情趣和审美理想。从中不难看到当时人对大自然山水风景的评价、构景规律的认识、景观特征的概括和美学内涵的揭示，也能够看出佛禅、道教对文学艺术的影响情况。

唐宋的山水诗中，描写山岳风景的名山诗为数不少。它们对山岳自然景观的某些提炼和概括，足以引为名山风景开发实践的借鉴和人文建设的参考，甚至转化为指导性的原则。名山诗中的名篇佳作在社会上广为流传，使得文人的山岳观扩大其影响面成为全社会的共识，强化了名山风景在全民审美意识中的重要地位。大诗人的吟咏就某种意义而言也就是对名山风景的评价，有助于提高名山的声望，无异于一种足以带动群众性的名山旅游的宣传媒介。

山水散文大多为游记的形式，其中涉及山岳风景的名山游记的数量之多，内容之丰富，亦足以反映唐宋时名山风景区的开发建设的水平和成就。这些游记不仅是一般地描述山岳风景的纪游文字，还涉及游览方式选择、风景资源评价、人工建置与环境保护等方面的问题，往往蕴涵着许多极有价值的见解。这些文字既反映了中国传统美学和文人的山岳观发展到现阶段的情况，也可以视为名山风景区的规划模式的种种设想，这对名山风景区的区域格局的逐渐形成，在不同程度上起到了规范的作用。

宋以后，佛教禅宗独盛，承传最长，其教义与儒家思想融汇而更多地包含于中国传统文化之中，已很难像唐宋时那样成为一支意识形态的独立力量，元代蒙古族统治者大力扶持藏传佛教，但在内地也未能普及。道教在元代由于上层人物与统治者关系密切而一度兴盛，为时不久，其活跃的势头逐渐消失，教义亦向着低层次的鬼神迷信、符箓醮咒转化而在一定程度上削弱其意识形态的生命力。

明清两代，佛教和道教逐渐衰微，已失却唐宋时的发展势头。这种情况对于名山风景区来说，意味着宗教推动力量的相对减弱，因而其发展也处于全盛之后的守成阶段。新的名山极少开发，即使个别开发的，其规模亦远逊于前代。旧的名山基本上承袭唐宋余绪，但一般都得到不同程度的培育、更新和扩充，有的规模还相当可观，这与寺观的丛林经济的发展也有着直接的关系。

所以说，明清两代仍然是名山风景区发展史上的一个重要阶段，其"守成"的特点主要表现为：人文因素继续不断丰富，山岳所蕴涵的文化亦相应地有所充实。

名山的旧寺观建筑普遍更新换代，在原址上重修、扩建或改建，也有易地重建的。此外，新建寺观亦不在少数，它们连同旧有的，最终形成名山区域范围内的寺观分布的总体格局。个别名山，还由于有计划地大量营建佛寺道观或者由于主要寺观的建成而达到了各自历史上的鼎盛局面。

鸦片战争后，西方殖民势力入侵，中国经历了历史上的大转折而逐渐沦为半殖民地半封建社会。由于文化、经济、社会、宗教等方面的诸多原因，清末民初以后，名山风景区更加显示其衰微的迹象而处于萧条的状态。新中国成立后，各级政府开始有计划地对一些主要的风景名胜区进行维护、培育、修缮、管理和必要的建设，取得了很大的成绩。但在"文化大革命"的十年浩劫期间，各地名山风景区都遭到不同程度的破坏，寺观建筑和文物的破坏尤为严重，宗教活动完全停顿。其结果，它们之中的相当一部分已残缺不全，有的甚至名存实亡。尽管如此，得以保持或者基本保持其格局和传统状态的仍不在少数。20世纪80年代以来，政府多次颁布有关风景名胜区的管理建设的条例和法规，把风景名胜区的恢复、建设纳入国家建设事业之中。随着改革开放的深化，人民生活水平不断提高和旅游事业的发展，传统名山风景区亦适应形势的要求，相继转化为现代型的风景名胜区，作为一个特殊的类别，结束了过去漫长的发展历程，又开始了它的历史的新篇章。

古老的名山风景区，它的历史可谓源远流长，保存至今的都有八九百年以上的历史，其中不少荟萃着文物古迹的精华，堪称我们民族传统文化的形象缩影。它们除了具备风景名胜区的一般共性之外，还有足以显示其独特景观个性的内容，也就是它们作为一个特殊的类型所独具的特征。这些内容，主要为下述四个方面：

一、寺观建筑

名山风景区的建筑物不止寺观一类，但寺观必然是主体，也是名山风景区的宗教标志。就建筑的本身而言，佛寺和道观并无多大的差别，只在局部形式和细部装饰上表现某些不同的宗教内容。各地的寺观建筑几乎都经过一次或多次的重建、重修，因此以明清时期的居多，元代的已经很少，唐宋遗构更属凤毛麟角。

汉民族的源远流长的建筑体系发展到唐宋时期大体上已经成熟、定型，它的结构骨架、外观形象的基本特征在以后的大约一千年间只有量的演进而没有多少质的变化。这就基本上保证了名山风景区建筑风格的统一性，只有个别的地方由于掺杂了清末民初的洋风建筑而出现不甚谐调的情况。

寺观建筑的规模大小极为悬殊。南方的佛寺有所谓寺院、庵堂、茅棚之分，大的寺院拥有的田产广、僧众多、社会地位高（最高为皇帝敕建的），往往是广厦披覆、连宇成片的大建筑群。这类寺院一般由四个部分组成：

（一）殿堂，即礼拜神佛的场所，是建筑群的主体部分。

（二）膳寝，即僧众起居的生活用房、仓库、作坊等。

（三）客房，即接待游方僧人、过往香客和一般游客的馆舍。

（四）园林，即寺庙园林，包括庭院绿化、独立建置的小园林以及寺院周围的园林化的环境，能善于利用天然的地形地物，人工点染则惜墨如金。在这一点上，与后期的中国园林，尤其是城镇宅园的建筑密度过大、人工气味过重的情况，颇不一样。这样的山地园林点缀在大的山岳自然环境里面，既烘托出佛国仙界的宗教气氛，也渲染了赏心悦目的世俗情调。

寺庙之所以吸引香客游客、文人名流，成为名山上的主要景点，园林的经营其实起着相当大的作用。而名山的寺庙园林亦因其"清水出芙蓉，天然去雕饰"的格调，卓立于后期的古典园林之林而为世人所称道。中型寺院的客房比较少，没有单独建置的园林。小型寺院只有殿堂和膳寝两部分，至于最小的茅棚之类则仅为三五间的简单房舍了。道观的建筑情况亦大抵如此。

对名山风景区来说，寺观的重要性不仅在于它的宗教意义，也不仅在于它的旅庙合一的实用价值，还在于它的建筑形象所具有的造景功能。那些设计精到、构思巧妙的寺观建筑，往往都能与山地的自然环境取得谐调，并结合局部地形、地貌的特点而创造凝练生动有画意的、以建筑物为构景中心的"建筑风景"，而寺观本身也无异于绝好的"风景建筑"。

这种情况，首先表现在寺观的选址上。

唐代文学家柳宗元在《永州龙兴寺东丘记》一文中写道："游之适，大率有二，旷如也，奥如也，如斯而已。其地之凌阻峭，出幽郁，寥廓悠长，则于旷宜；抵丘垤，伏灌莽，迫遽回合，则于奥宜。"山岳风景尽管千姿百态，归纳起来亦无非两大类："旷"即开朗的景观，"奥"即幽邃的景观。一座名山的自然风景之所以赏心悦目，主要在于兼备开朗与幽邃的景观而又能于旷中有奥，奥中有旷，旷奥结合。

按生活上的功能要求，作为山地寺观的基址必须具备三个条件：

（一）良好的小气候，背风向阳，气流通畅，能排泄雨水。

（二）靠近水源以便于获得生活用水。

（三）靠近树林以便于就近取材、采薪。

一般说来，名山风景区的寺观建筑基址的选择，大多数都能够把上述功能条件与址景方面的考虑结合起来，因地制宜，利用显露的建筑布局来强调基址环境的开朗气度，利用隐藏的建筑布局来突出基址环境的幽邃氛围。有四类基址是比较常见的：

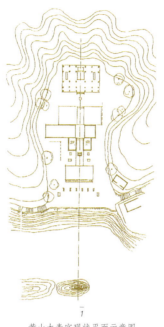

黄山太素宫现状平面示意图

　　第一类，是三面冈峦回围聚合而成幽邃的局部自然环境，一面则外敞为开阔视野。按堪舆家的说法，此类奥中有旷即所谓"交椅背"的地形既能够聚蓄"地气"，又可使之通畅而不窒塞，乃是上好的风水。寺观建筑的布局多呈"山包屋"的形式，以建筑群整体的隐藏而求得禅林仙界的幽深和造景上的含蓄意境，以局部的显露而作为点染风景的补充手段。（图 1）

　　第二类，背枕高峰，两翼的侧岭远远回抱如襟带，环境的气度开阔有如龙盘虎踞。寺观建筑结合基址的开朗景观而以大部分的显露形象来充分发挥其点缀风景的作用，某些

国清寺

林芝峰

2

天台山国清寺基址平面示意图

殿宇亦因势利导而做成观赏他处风景的场所。

　　第三类，是山腰坡地，寺观建筑群沿坡势之升起而密密层层覆盖其上，建筑形象全部外敞呈气势雄伟的"屋包山"的形式，镇江的金山寺、九华山的百岁宫即此类的典型例子。

　　第四类，四面山峦围合，呈现为比较深邃的自然环境，有溪涧或山谷形成豁口通向外部，这是奥中有旷的幽奥空间，最能体现"深山藏古刹"的氛围。（图2）

　　另外也有故意选择险峻的特殊地形构筑寺观的——或雄踞山顶极峰，或依傍悬崖峭壁，敞露的建筑居高临下，极目环眺，视野开阔无垠，最能渲染一种超尘出俗、俯临凡界

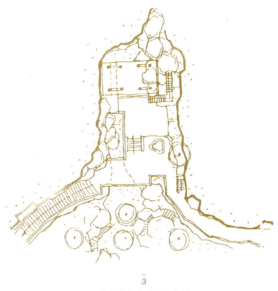

$\overline{3}$

鼓山喝水岩平面示意图

的景象。比较大的名山风景区，一般都要构筑此类寺观作为
山景的重要点缀，如峨眉山的金顶、衡山的祝融殿、九华山
的天台、恒山的悬空寺。也有利用岩缝、洞穴构筑寺观的，
则是以极深藏的建筑形象结合于极幽邃的局部地形来烘托宗
教的神秘气氛，如福州鼓山的涌泉寺（图3）。诸如此类的寺
观选址，运用局部地形的险、奇而创为不寻常的特异景观，
主要是为着宗教目的而考虑成景的效果就更多一些。

其次，表现在建筑的外观形象上。

名山风景区的寺观，绝大多数都是以单体建筑物组合
为院落建筑群，顺应山的坡势形成一系列台地院的布局。
台地院不需要做大挖大填的土方工程，比较节省山地施工

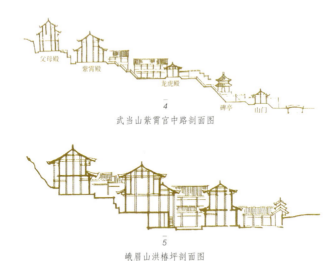

父母殿 紫霄殿 龙虎殿 碑亭 山门

—4

武当山紫霄宫中路剖面图

—5

峨眉山洪椿坪剖面图

的劳动力，也不致破坏堪舆家所谓的"地脉"连贯。台地院的布局不要求突出建筑的竖向高大雄伟，却着意于横向的面上铺陈。因此，建筑群体的外观形象易于取得与地貌环境的良好嵌合关系；坡屋面，木构架灵活多变的悬挑、披覆、叠落、架空等又赋予外观形象以高低错落、活泼生动的轮廓；配合远近山形林木，最能显示建筑美与自然美的融糅谐调。在建筑群的内部，因山取势的台地院所形成的不同标高的院落空间之间，由于廊道、阶梯、挡土墙等的联系和分隔又出现许多过渡性的小庭院空间，既有纵向的交错，又有横向的穿插。这一系列多变的"空间交响乐"结合花木水石的配置，运用借景、障景的手法，在寺观内部营造了浓郁的庭院气氛。（图4、图5）

塔，作为大型佛寺建筑群的一个组成部分，或者出于某种纪念意义或风水迷信上的考虑，往往单独建置。它们高耸挺秀的形象是山形轮廓的重要的竖向点缀，其在较小的名山风景区尤其如此。

寺观建筑设计一般都能够适应于当地的气候和地理条件，就地取材，运用当地民间建筑的传统手法，因而具有浓厚的乡土气息和地方色彩，这也是形成名山风景区内统一的建筑风格的主要因素。

再就是，表现在寺观的入口处理上。

山地的地形陡峭局促，一般不大可能像平坦地段建置寺观那样在山门前开辟广场作为入口门面形象的前奏。因此，寺观入口的设计乃另辟蹊径，把不利因素转化为有利条件而创造多种的手法：

（一）因借山势陡峭敷设石阶，有沿着寺观建筑群的中轴线的，有居于两侧成"八字磴"的；但大多数则顺应地形等高线蜿蜒盘曲，予人以一种动态上升、仿佛攀登梵宫仙界的感觉。

（二）借助于山门附近特殊地物的遮挡，先造成局部的障景以蓄势，再于不经意间将山门展露出来；这种欲扬先抑的手法给人的感受十分强烈，峨眉山的洪椿坪即此种手法的佳例。（图6）

（三）将入口的"点"的处理延伸为"线"的导引，大型寺观多采用这种办法。入口部分的建筑形象自山门往前推移、沿着弯曲的山道而延展成为一条线，在沿线的适当部位

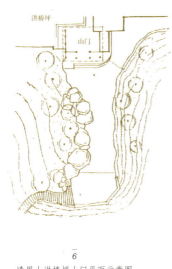

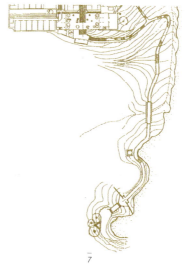

峨眉山洪椿坪山门平面示意图　　　　青城山古常道观入口平面示意图

建置牌坊、亭榭、桥梁以及点景的小品，构成一个时空结合的序列，序列的最前端也就是入口的前奏。这样的序列导引有长达几百米甚至千米的，过去的寺观利用这种导引来表现由尘世通往梵天仙境的过渡象征，同时也作为吸引香客的手段。对于旅游来说，它既是交通道路的一部分，也是别具一格的观赏线，能够通过时间上的延展而诱发人们渐入佳境的鉴赏情趣，许多名山风景区都有这种序列导引规划设计的出色例子。（图7）

二、步行道路

　　名山风景区的步行道路并非一次开辟，乃是经过千百年来不断地使用、修改、整理而逐渐臻于完善，形成系统。

过去的朝山进香其实也是变相的旅游，山区的物资供应又全赖人力。因此，登山道路的布设就必然兼有三种功能：宗教活动的功能、交通运输的功能和组织景观的功能。

作为朝山进香的香道，它联络着全山所有的寺观，联系于某些主要寺观的序列导引，穿插以各种形式的宗教名迹，构成一个交通网络。有些名山还利用这个交通网络上的主干线因借于沿线的种种地形地物而营造出特定的宗教气氛，如泰山自山麓至山顶的主干线上以一天门、中天门、南天门划分为三个段落，象征着道教所设想的升入天界的全部历程。名山的历史愈悠久，香火愈旺，香道也修造得愈讲究。普陀山香道的主要段落上，每步石阶均雕莲花图案寓意为佛教的"步步莲花"，其本身甚至就可视为一件艺术品。

作为登山交通的必由之道，大抵都能够按照香客和游人的朝拜、打尖、投宿的步行行程来串联沿途的寺观；并且考虑到登山的疲劳程度，每隔一定距离在道旁建置亭榭之类的小建筑物供稍事休息。山道的选线很注意良好的小气候条件，能通风，有林木荫蔽，或伴随潺潺溪流、鸟语花香，以减少人们登山的困顿，总之，基本上能满足游人的行、止、食、宿以及日常供应的全部要求。

作为组织景观的手段，山道本身往往也就是名山风景区的最有观赏价值的内容之一。道路的布设很注意突出景物动态效果的连续展开，把孤立的许多大小景点贯联为观赏线。这种横向迂曲与纵向起伏相结合的动态组景，在许多情况下把距离、时间、景感三者的关系处理得恰到好处。往往一个景物由于道路的巧妙安排而从不同角度呈现多种的景象，即所谓"横看成岭侧成峰"，能导引游人时而在景中，时而又在景外，扑朔迷离，令人游兴倍增。山道的布设善于处理景观的"旷"与"奥"的交替，做出有节奏的变换，善于因借地形地物，运用"蓄势""悬念"等手法来突出"险奇"和"平夷"的对比，故而人行其中，绝无单调乏味之感。这些，作为旅游内容都是饶富兴味，非现代化的交通方式所能取代。

历来名山风景区的道路布设在组景方面的这些成就，有不少直接为造园艺术所借鉴。大型天然山水园如清代的皇家园林 —— 颐和园、静宜园、静明园、避暑山庄 —— 的山区塑造之所以具有名山风景的特色，主要即得益于对后者的布路组景的摹拟。

三、石景加工

山地多奇岩、怪石、幽洞，利用诸如此类的石景施以不同程度的艺术加工而赋予一定的主题，这是我国传统的风景建设的一种独特形式，也是自然景观与人文景观相结合的一种比较完美的形式。其在名山风景区，主要为石窟、洞景、摩崖造像和题刻。

秦始皇封泰山开始有摩崖题刻的做法，以后相沿而成习尚。题刻的作者多为帝王、高僧、文人、墨客，不少题刻已成为传诵一时的篇章、书法艺术的珍品。名山的题刻往往是记录着漫长岁月中的宗教活动的第一手史料，是名副其实的"石头的史书"。

石窟造像始于汉末，大盛于南北朝、隋唐，这是我国早期佛教艺术的一种主要形式。国内除了著名的几处大型石窟之外，名山风景区也有零星的小型石窟、摩崖造像之类散布各处而成为其主要的景点。

天然石洞每因僧、道利用为修炼的场所而成为名迹，或者借助于洞穴的特殊构造所生的幻觉而创为富于浪漫色彩的洞景。前者如庐山的仙人洞，后者如普陀山的梵音洞。道教的洞景特别多，有的与寺庙园林相结合从而更增益园林的神秘气氛。

此外，利用天然岩石的特异造型略施雕凿、表现种种宗教题材，往往别开生面、引人入胜。

四、区域格局

名山风景区原本无所谓规划，但千百年不断地经营、改建、调整，由点连缀成线，由线展开为面，逐渐成长为一个以寺观的总体布局为主体的比较完整的有机的区域格局。

寺观总体布局的全部或者其中的主要部分，按照既定的规划在短期内自觉地一气呵成的情况，仅见于少数名山。绝大多数的名山其总体布局都是经历了千百年以来的陆续建置兴废而自发地形成。由于宗教和世俗的种种原因，有的寺观衰微荒废了，有的迁移新址，有的则屡毁屡建而长盛不衰。历史的筛选和不断地经营、改建、调整的结果，到后期，即明清时期，大体上固定下来。无论自觉的或者自发的情况，总体布局一般都能够满足宗教和世俗的功能要求，适应于名山的自然条件和汉民族的审美心理。其所形成的区域格局，大致可以归纳为四类模式：

（一）寺观各自呈散点式均布在全山范围之内，由香道为之联系成网络。山上并没有明确的中心寺观，必要的原始旅游设施则附建在若干大型寺观内。名山的大多数均属此类模式。

（二）若干寺观互相毗邻，组织为一个寺观群，其间穿插民居、店肆，构成名山上的中心区。环绕着这个中心区的外围，分布着其余的大小寺观有如众星拱月。中心区为多功能的镇集，除进行宗教活动之外，还有世俗的商贸、接待、文娱活动，相当于原始型的旅游镇。

（三）若干座主要寺观明显地成为全山的几个中心，其余的小型寺观则围绕或穿插于这些中心寺观之间建置，而靠近山麓的中心寺观则依附着民居、市肆，还具有原始型旅游镇的功能。

（四）自山麓直到主峰之顶，一条主要干道贯穿于全程，大多数寺观均建置在干道附近。山麓的干道起始点上建置大寺观，犹如名山的门户。也有寺观与民居、市肆相结合而成镇集的，则是名山内外交通的枢纽，过此便进入名山境内了。

以上所列中第一类模式的寺观建筑的分布往往比较随

宜，因而名山的区域格局并不太明显。第二、三类由于寺观总体布局上的重点突出和旅游镇集的存在，就更多地显示名山区域格局的完整性和有机性。第四类模式的道教名山，其宫观总体布局的全部或者其中的一部分通过规划来实现特定的宗教意图，突出名山的宗教特色，更自觉地把宗教建设与风景建设结合起来，因而名山的区域格局最为明显清晰。

一般说来，道教名山的总体布局更为有序严谨一些。道教把自然界的各种事物和现象归纳为天、地、人三个范畴，逐渐形成对天地的信仰和崇拜。高山形象巍峨，平地拔起，则往往把现实中的或者幻想中的某些高山作为由人间上达天庭的必由之路。

昆仑山这座古代汉民族心目中最为庄严神圣的理想的山，对其形象的描述散见于多种文献。高峻的山休包括下、中、上三层即三个台级，属于"天"的范畴。天庭即天帝之居，建在山之极顶的上层台级，周围绕以城垣，设天门，由天神把守。山麓的平地为"地"的范畴，在天与地的交界处设天门名曰"阊阖"，相当于由地升天之门，也就是进入天界的起始点。过此，依次登临三个台级的"天梯"便直达天庭了。这就是昆仑山的由地登天的全程结构（图8），这个结构为道教所承袭并加以发展，从而创造出道教世界中的人、地、天的序列关系；相应地，在某些道教名山上就形成了人文景观中以"朝天"思想为中心的"天路历程"和以人、地、天的序列构思为主题的规划格局。其中，东岳泰山和武当山

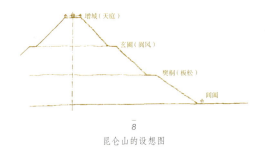

8

昆仑山的设想图

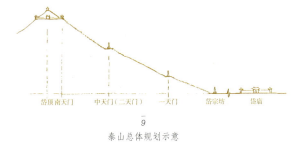

9

泰山总体规划示意

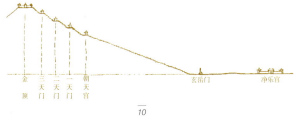

10

武当山总体规划示意

最为典型。（图9、图10）

　　山之极顶既是道教世界中的天庭的象征，又是天路历程的终结和朝天的高潮，因此，道教名山非常重视极顶的人工建置及其象征寓意。尽管极顶交通不便，气候恶劣，并不适宜于人的生活，但大多数的道教名山都把主要宫观修建在这里，有的甚至在极顶及其附近建成庞大的宫观群。佛教名山也有在山之极顶建置寺院的情况，但并不多。

　　一般说来，佛教名山是以寺院的总体布局嵌合于大自然环境的山形地貌来创造佛国天堂的意象——远离凡尘的彼岸世界的象征。而道教名山，除了类似佛国天堂的神仙境界之外，还着重创造了一个完整的天路历程的具体摹拟。这个摹拟把人文景观的序列与道教世界的人、地、天的序列联系起来，突出道教的此岸精神，体现了更易于为善男信女们感受到的亦真亦幻的宗教意境。正是这种意境，吸引着古往今来的香客和游客，怀着宗教的虔诚心态和世俗的审美心态，不畏艰辛跋涉前来参拜游赏。也正是这种意境，使得道教名山较之佛教名山更具浓郁的宗教气氛。

一些较大的名山风景区，朝山旺季香客云集，为了适应大量的供应服务而形成商业镇集。它们一般位于入山的起点，犹如名山的门户，或者依附在中心寺观的附近而自成一区。前者如衡山的南岳镇，后者如九华山的九华街。这类镇集规模虽不大，却有着浓郁的宗教气氛和地方民情风俗、民间建筑的色彩。镇集的存在，更显示了名山风景区的区域格局的完整性和有机性。

名山风景区作为旅游对象，它的内容当然绝不止上述四个方面。但这四方面的内容却大抵就是名山风景区之所以能够成为一个独特类型的基本条件，也是我们民族文化的一份宝贵遗产。

了解名山风景区的历史情况，有助于我们更全面地认识它的价值，阐明名山风景区的个性，也有利于今后的规划建设方案的制订。

古老的名山风景区，借助于宗教的力量而得以开发，千百年来又以全国性和地方性佛、道宗教中心的地位而维持其繁荣的局面。新中国成立后，情况有了很大的变化，许多名山风景区已消失其宗教中心的作用，复经十年浩劫期间的人为破坏，实际上是名存实亡了。当前，有必要根据目前的实际情况，着眼于国内国际旅游事业的前景、文化古迹的保护、宗教政策的落实，来慎重确定哪些可以按一般风景名胜区对待，哪些应该仍然作为名山风景区而加以发展，也就是说，作为保持着上述四方面内容的、具有佛道宗教特色的旅游胜地来进行规划建设。

如今的旅游已全然不同于过去少数僧、道、文人、香客的慢节奏旷日持久；它要求游览地具有较大的环境容量，在短时间内能获得最多的感受量，有快速的交通工具和舒适的生活服务设施。因此，既经确定的名山风景区也必须满足这些要求，但不可为了满足这些要求而破坏原来的四方面内容的基本格局，更不可喧宾夺主、取而代之。

总之，规划建设的目的是适应现代化旅游事业的需要，具体的做法可以因地制宜，因时制宜，不拘一格。但有一点必须明确：建设的结果应该仍然是名山风景区而不是其他的什么"区"。

名山与名山风景区及其文化内涵*

　　所谓名山，除泛指其较高的知名度之外还包含两层意思：一、形体比较高大的山，上古典籍中提到的名山如《尚书·武成》"告于皇天后土，所过名山大川"，《礼记·礼器》"因名山升中于天"等，均训为高山、大山；二、带有一定宗教色彩、为人们所崇奉的山，包括早先的原始宗教和后来的佛教、道教，其中的一部分发展成为全国性的或地区性的宗教活动中心。所谓名山风景区，意即兼有名山性质的风景区，或者具备风景区格局的名山。这个特殊的类别也是中国传统风景名胜区中的一个重要类别，其重要性不仅表现为数量上占着相当大的比重，还表现为质量上不同于一般的情况。

　　从两晋南北朝算起，由名山转化为名山风景区迄今已有一千七百多年了。如此悠久的历史，导致每一处名山风景区都蕴藏丰富的文化内涵，有着深厚的文化底蕴。这些，又

---

* 此文为中国风景名胜区协会主办"2001上海"全国风景名胜区规划管理业务研习班上的演讲。

都是千百年来人们涉足名山进行建设活动、宗教活动和世俗活动，从而留下的大量的人文因素。社会上不同阶层、不同集团、不同素养的人，以各自的方式在与名山风景的接触过程中所留下来的这些人文因素经过不断积淀，也经过不断筛选，逐渐系统化、综合化而成为以山岳为载体的文化现象，或者因山岳而衍生出来的文化现象。遍布全国各地的名山风景区，正是这种世界上独一无二的文化现象——山岳文化的精华荟萃之所在。山岳文化的内容包罗万象，涉及多种学科的学术领域。若就其表现形态而言，大体上可以归纳为如下三大类：

一类是物质形态，即物质文化。它们依附于名山，有一定的体量，占据一定的空间，或为实用事物，或为艺术创作，或者兼而有之。建筑占着此类文化形态中的绝大多数，而佛寺和道观又是名山建筑中的主体，也是显示名山宗教特色的主要标志。中国的佛寺和道观，相当大的一部分建置在各地名山上，其数量集中之多，规模之巨丽，建筑之精美，举世无与伦比，堪称中国建筑遗产之精品，为研究中国建筑的艺术、技术和历史提供了珍贵的实物资料。它们虽经迭次重修、重建，但仍保留有许多年代久远的遗构，其中不少成为省级、国家级的文物保护单位，有的甚至被列入联合国的世界文化遗产。五台山至今尚保存着国内最古老的两座木构殿堂——佛光寺大殿和南禅寺大殿，嵩山保存着国内最古老的砖塔——嵩岳寺塔。各地名山除了寺、观等宗教建筑之外，还有一定数量的民居、村落、别墅、书院等世俗建筑，店舍与寺观相毗邻的集镇，以及大量的建筑小品。无论宗教建筑或者世俗建筑，在其选址、布局、形象如何与山岳自然环境相融合、谐调方面，以及山地园林或园林化的经营方面，都有许多独到之处，充分体现了"天人合一"哲理的主导。其中得以保存下来的，绝大多数都能够点缀名山风景、发挥社会效益，也是人文景观的主要资源。名山风景区的山体多裸露岩石，人们不仅把它们作为自然景观的风景要素来加以鉴赏，还利用其能够雕凿、镂刻并可垂之久远的特性而开凿、加工成为洞窟、造像、摩崖、石刻、经幢等。它们是除建筑以外的另一类重要的人文景观资源，充分显示了名山的石文化的丰富内涵。洞窟包括石窟和洞景，著名的佛教石窟也有在佛教名山之内的，道教崇奉神仙洞府，道教名山尤多洞景。造像、摩崖、石刻、经幢是中国传统金石学中的"石"的主要研究对象，其中的绝大部分均保留在各地名山上。仅泰山一地就系统地保存着从汉代到清代的石刻碑碣千余处，摩崖题刻不计其数，堪称洋洋大观，名副其实的"石头的史书"。名山山高路险，步行山道多有险奇的设计，跨壑越涧的桥梁多有别致的构思，以及沿途建置牌坊、亭、榭等，都无异于点缀风景的艺术小品。寺观殿堂内供奉大量的神佛偶像，四壁的宗教壁画，陈设的供器、法器、旌幡等，大多为精美的雕塑、绘画、工艺制品。许多寺观内还收藏着字画、经卷、文玩、古物，不少是价值连城的。诸如此类的品目繁多的物质形态的文化，其中绝大多数都具有很高的历史价值、艺术价值和科学价值，作为学术研究的对象，涉及建筑学、园林学、工程学、艺术学、历史学以及绘画、雕塑、书法、工艺美术等学科的领域。所以说，那些历史悠久的名山风景区，就犹如一座座庞大的露天博物馆了。

另一类是以名山为载体的人群活动形态和社会组织形态。名山的寺观内经常举行各种形式的仪典活动，包括作为僧、道学习经义和自我修炼手段的日常功课——诵课和面向群众的法会、斋醮科仪。后者还通过颂赞、演唱、音乐伴奏等群众喜闻乐见的方式为人们消灾祈福，同时也把宗教教义通俗化而广为宣传，起到了导化民风的作用，无异于寓教于乐的特殊形式的歌舞表演。历来文人墨客的诗文中，多有描写名山寺观的仪典活动的热闹情况。老百姓朝山进香也往往把它作为观赏对象，于观赏的同时接受宗教的潜移默化。如今的名山旅游，每逢寺观举行对外的仪典，观光客对此亦饶有兴趣。在尊重宗教信仰，不加干扰的前提下，寺观的对外仪典可以纳入旅游资源的范畴而加以适当的开发，对于当前方兴未艾的宗教旅游而言，也不失为一项观光的内容。每逢宗教节日，有组织的群众朝山进香者络绎不绝，蔚为壮观的虔诚场面，感人至深。这些，都是宗教性的人群活动。另外还有世俗性与宗教性相结合的人群活动——庙会，也就是许多名山在宗教节日定期举行的集商贸、文娱、宗教节庆活动为一体的非常热闹的集市。另外，寺观经济和寺观制度的发展和完善，还普遍形成了以名山寺观为中心的小社会组织和小文化圈。诸如此类的人群活动和社会组织，也是传统的名山风景区所特有的文化现象，涉及宗教学、社会学、民俗学的研究领域。

第三类是属于意识形态范围的，亦即精神文化。它们渊源于名山，但不一定依附于名山，其本身可以游离而单独存在，垂之久远。千百年来，文人惯游各地名山大川已成为社会风尚，他们面对美景有所感受领悟而流于笔端，写下大量的诗、词、散文、游记，形成了独树一帜的山水文学。名山既有自然景观之美又兼具人文景观之胜，给予文人感受愈多领悟愈深则愈能激发创作的激情，而僧、道之中亦多有擅长诗文的，几乎每一处名山风景区都能够辑录一部诗文的专集。即使山上的某些景物由干历史的原因而改观或者完全湮灭，人们根据这些诗文也能略窥当年的状况。历史上的山水画家多以名山作为创作的蓝本，从山岳风景汲取创作的灵感，所谓"搜尽奇峰打草稿"。明代画家王履早年摹写古人画本而觉无甚长进，晚年游华山，深有感悟，画艺大为提高并总结自己的创作经验为"吾师心、心师目、目师华山"。历来传世的山水画中就有不少名山画，甚至以摹绘某处名山而成为流派。画家们运用写实与写意相结合的创作方法洗练而概括地在画面上突出其景观的特点，揭示其景观的精华所在，颇有助于人们对名山风景更深一层的理解。名山历史悠久，人文积淀深厚，往往孕育出大量动人的神话传说、逸闻趣事。它们都是千百年来的群众性的艺术创作，借助于名山的名气而广泛流传于社会。其中的大部分成为民间各种通俗文学的题材，有的则经过文人的整理加工而跻身于雅文学之列。这些文学作品虽然并非直接依附于名山，也不呈现为具体的体量或形象，却能间接地渲染名山的风景，强化人和景之间的感应关系，加深风景的意境涵蕴。遍布全国各地的名山风景区，多有著名的佛寺和道观，它们对佛教和道教的发展起到重要的历史推动作用，因而在宗教史上占着重要的地位，无论在国内或国外都享有很高的声誉。古往今来的高僧、名道之中的大多数出身于名山寺观，他们在弘扬佛、道宗教和学术研究方面做出过杰出贡献，成为社会上被人所敬仰的人物；有的还擅长诗文、书画，以宗教的哲理入诗入画，形成别具一格的僧道文艺。这些地灵人杰的情况，又都与名山的超尘脱俗的自然环境和优美自然景观的哺育有着密切的关系。总的看来，诸如此类的精神文化都是受到名山哺育，借名山而衍生的。其内涵甚广，涉及文学艺术等意识形态的领域。

由上述三类文化形态综合而成的山岳文化，其内容之博大宏富无异于一个完整的文化系统——汉文化大系统中的一个子系统。

在这个子系统所蕴涵的诸多文化形态之中，能够直接诉诸人们的视觉感官而形成风景名胜区内人文景观的要素、可称之为"人文资源"的，大体上有三种形态：

一、建筑，包括佛寺、道观、塔、民居、镇集、书院以及建筑小品等。

二、在山体岩石上纵深开凿加工成为石窟、洞景，在岩石表面加工成摩崖、造像或者用单块的岩石加工成为石刻、经幢等；充分利用名山多岩石裸露的优越条件，创建山岳文化中的石文化。

三、名山风景区范围内所进行的有组织的宗教仪典活动和民间的世俗活动。

这三种人文资源，上溯秦汉，下迄明清，乃是山岳文化积淀之精华，也形象地从一个个侧面记录了中国文化的漫长的演进历程。前两类之中有许多还由政府颁定为国家级、省级、市县级的重点文物保护单位，具有很高的历史价值。

这三种人文资源之中，第一种以佛寺和道观为主体，数量最多，是名山宗教活动的核心部分。其余两种，大多数亦与佛道宗教有关，包含着不同程度的宗教内涵。这些人文资源无异于研究我国宗教文化的资料库，认识宗教文化的形象教科书，同时也是宗教朝觐和宗教旅游观赏的对象，具有重要的宗教价值。这三种人文资源之中，宗教建筑和世俗建筑在建筑艺术和园林艺术方面都达到相当高的造诣，体现了南北各地的乡土建筑风格，在中国建筑史和中国园林史上占着一定的地位；洞窟、造像、摩崖、石刻、经幢等则反映了历代的雕刻、书法的艺术水平；宗教和仪典活动和部分民俗活动中包含着说唱表演的艺术。所有这些，大多数都具有很高的艺术价值。

这三种人文资源的总和，堪称华夏文物的精华荟萃。它们所展示的内容乃是研究中国古代文化的一份极为珍贵的实物材料，具有很高的科学价值。

佛寺即佛教的寺院，是供奉佛神偶像、举行宗教活动的场所，也是出家的僧尼集体居住、生活、修持的地方。比丘居住的通称为寺，比丘尼居住的也叫作庵。寺院建筑的渊源可以追溯到古印度，它随着佛教传入中国，历经千百年来的不断演变，逐渐汉化而成为中国建筑体系中的一个重要类型。

释迦牟尼初创佛教时，并没有固定的说法传教的场所，随着佛教的广泛传布，皈依者愈来愈多，僧团组织愈来愈大，需要固定的居住、修持和说法的地方，而每年的雨季安居期尤其需要有专门住处，于是便出现寺院的建置。古印度早期的寺院有两种，一种叫作僧伽蓝，简称"伽蓝"，一般由国王或富人施舍；另一种叫作阿兰若，简称"兰若"，是一人或两三人在偏僻的地方构筑简单的小屋作为居住、修持之用。前者规模较大，数量较多，汉译为"精舍"，意思是佛向徒众说法的学园。佛教早期僧团的僧众衣食均由施主布施，伽蓝之内除说法的佛堂和僧侣居住的僧房之外，别无其他建筑物。当时最著名的伽蓝之一是中印度舍卫城的祇园精舍，公元5世纪初，东晋高僧法显曾访问过这里，在他撰写的《佛国记》中曾提到过这座建筑物。

释迦牟尼涅槃后，伽蓝建筑的内容有所变化、扩充，塔成为建筑群的主体，始建于阿育王（？—公元前232）时期的桑奇（Sanchi）伽蓝便是迄今保存比较完好的一例。这个伽蓝建筑群以一座大塔为中心，前面是僧侣居住的僧房遗址，其他建筑物则已湮灭无存。大塔亦称"窣堵波""浮屠"，其外形类似半圆球体，塔内庋藏释迦牟尼的舍利子，是佛徒礼拜的对象。大塔周围绕以石垣，四面各立巨大石坊，雕刻着佛传、佛本生故事。

早期佛教以塔作为佛的象征性纪念物，但也使用佛座、佛发、佛足印和菩提树等作为佛的象征物品。公元前1世纪，印度河上游的犍陀罗（Gandhara）受到希腊雕刻艺术的影响，开始以希腊石雕神像为范本来制作佛像。从此以后，佛教遂有了偶像崇拜，佛从哲人变成为神，佛像也就代替大塔而成为佛教徒礼拜的对象。这一变化影响及于佛教建筑，伽蓝建筑群中相应地增加了新的内容，即供奉佛像的佛堂，形成僧房、佛堂、大塔的序列。

佛教经由西域传入中国，与高度发达的汉文化接触，逐渐产生复合、变异而发展成为汉地佛教，再往东传入朝鲜半岛和日本，寺院建筑的传布也循着这同一路线。伽蓝原型传入中国之后，融糅于成熟的汉民族建筑体系之中，逐渐汉化而成为汉式的寺院。寺院建筑的汉化过程早在东汉时佛教传入中国之初便开始了，以后经历漫长的岁月，直到南宋才最终完成。

宋代，禅宗独盛，禅宗各派势力最大，传承最久而成为汉地佛教的主流。禅宗深受儒家思想的浸润，同等看待彼岸和此岸世界，把佛教的五戒比拟为儒家的五常，主张"孝为戒先"，甚至明确宣称"宗儒为本"，"修身以儒，治心以释"。禅宗的儒释融汇对两宋以来的哲学、文学艺术，乃至传统文化的整体都有很大影响。相应地，寺院建筑也最终走完了它的汉化和世俗化的全过程，在唐代的"分院之制"的基础上又有所发展变化，出现了完全遵循宫殿、邸宅模式的"七堂伽蓝"之制。从此以后，寺院建筑无论个体形象或群体布局，基本上与宫殿、邸宅没有什么大的差异，都无非是宫殿的缩小或者邸宅的放大罢了。

汉地佛寺模式的出现，正值中国建筑体系成熟和定型的南宋时期。而这种模式的最终形成和完善，则与当时的禅宗寺院的僧团管理制度和佛神谱系的最终汉化与世俗化也有着直接的关系。

自怀海禅师别立禅院，创立丛林清规以来，佛教的僧团组织参照中国世俗宗法制度而建立寺院僧众的职事等级，宋以后已形成一套严格的行政管理制度：寺院的最高首长为住持，也称方丈，终身任职，死后将衣钵传授给大弟子继承为下届住持。住持之下设四大班首和八大执事，后者由住持择优聘请寺内的八位僧人担任，分别掌管行政、经济、外交接待、纪律监察、佛事活动、后勤供应、云游僧众、庶务、文书等事宜。

显而易见，僧团组织的这一套行政制度犹如世俗的封建朝廷和封建家族体制，全面地掌握寺院僧团的内部事务和对外事务，管理寺院的宗教活动、经济活动和社会活动，从而强化了寺院作为相对独立的政治、经济实体的功能。它的机构设置和人事安排，亦与封建的官僚体制几无二致。因此，这样一种严密的寺院僧团组织形式必然要求有在功能上与之相适应的寺院建筑形制，即完全汉化了的"七堂伽蓝"的模式。所以说，寺院僧团管理制度的世俗化乃是促成寺院建筑形制的最终定型化的一个因素——"人间"的因素。

除了"人间"的因素之外，还有另一个因素——"天国"的因素，即汉化了的佛神谱系。

古印度的佛教僧团组织，佛祖释迦牟尼在世的时候其成员之间始终保持着平等的关系。佛祖涅槃以后，他的地位由人转化为神，佛教在长期的发展过程中逐渐构建起一个以佛为中心的佛神体系，作为信徒们顶礼膜拜的对象。随着佛教传入中国，这个佛神体系又受到汉地封建宗法制度的伦理观念、尊卑观念、等级观念的影响，逐渐被改造成为一整套具有浓重汉地封建政治色彩的朝班品位和等级序列，到宋代已完全定型，这就是汉化了的佛神谱系。

这个具有严格的朝班品位、等级序列的佛神谱系中的诸佛神，组成了佛国天堂的"朝廷"：佛相当于人间的帝王，菩萨相当于宰辅，罗汉和天神相当于臣僚和侍卫。汉地佛

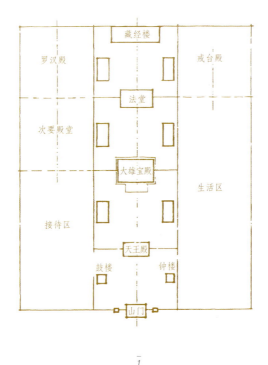

1

汉地佛寺建筑群的典型格局

寺中供奉这些佛神偶像的殿堂，也就是这个"天国""朝廷"所在的地方。那么，为适应这样一个封建色彩极为浓厚、等级尊卑极为严格的"朝廷"的功能而提供的寺院建筑布局必然会采取宫殿、府邸的模式，乃是顺理成章的事情了。

彻底汉化了的"七堂伽蓝"模式，已为明清时期汉地佛教各宗派的佛寺所普遍采用，无论禅寺、律寺或者讲寺均遵循这种模式。当然，由于寺院的性质、规模、环境条件的不同，也会在此模式的基础上加以灵活变通。图1便是这种建筑群模式的典型平面格局的示意。

建筑群的朝向除特殊情况外，一般均为坐北朝南。中路四进院落的正院是供奉佛神偶像的殿堂区，也是佛国天堂的"朝廷"之所在。它由山门、天王殿、正殿、法堂、藏经楼、毗卢阁等建筑物构成一条明显的南北中轴线，各进院落均呈一正两厢的均齐对称的格局。

中路的正殿又称大雄宝殿，建筑体量最大，相当于宫廷的正殿或邸宅的正房。它是寺院建筑群中最主要的殿堂，殿内供奉的佛像居中面南，通常有三种情况：

一、仅供奉一尊释迦牟尼像，又称如来佛；

二、供奉三尊佛像，即"三佛同殿"；

三、供奉五尊佛像的多属密宗寺院。

在主佛像的两侧，还有作为胁侍的菩萨或弟子像，沿山墙供奉十八罗汉像，背后居中面北塑海岛观音一堂。大雄宝殿之后为法堂，或称讲堂，乃演说佛法、皈戒集会之处，其重要性仅次于大雄宝殿。法堂之后，中轴线的尽端为两层楼房的藏经殿，又称毗卢殿，相当于邸宅的后罩房，是庋藏佛经的地方。大雄宝殿之前为天王殿，这是寺院的第二道正门。天王殿之前，相当于东西配殿的位置上分别为钟楼和鼓楼，南面则为山门，山门通常有三座，象征"三解脱"，故也称三门，当中为主门，两侧为旁门，这就是整个寺院建筑群的正门。山门乃是人们抵达寺院时看到的第一幢建筑物，它的形象足以代表寺院的规格，显示寺院的身份地位，观瞻所系，因而规模较大的寺院于山门前一般还建置影壁、牌坊、幡杆，围合而成为寺前广场，来烘托山门的肃穆气氛，也便于群众集散。

中路的正院集中了全寺的主要殿堂，供奉着全寺的主要佛神偶像。这个佛国天堂的"朝廷"所在地也是信徒礼拜、瞻仰的主要场所，以及僧众诵经、举行佛事等仪典活动的地方，因而居于建筑群的中央部位。其他的一些殿堂，如专门供奉菩萨的大士殿以及举行受戒仪式的戒坛殿等，均作为单独院落建置在东西跨院的后半部。

东路即东跨院，为寺院的生活区，前半部建置僧房、香积厨、斋堂、职事房、茶堂等。生活区的后半部则为住持以及有职事的上层僧侣居住的地方，均为单独的小院，庭院花木扶疏，环境幽静。西路即西跨院，为宾客和香客的接待区，叫作"云会堂"。

包括上述全部内容的大型寺院均为广厦披覆、连宇成片的多进、多跨的院落建筑群。有的在后部还建置独立的小园林，相当于邸宅的宅园。有的另在稍远的一侧单独辟为一区，集中安葬历代高级僧侣骨灰墓塔，亦称"塔院"。

中型寺院的殿堂僧舍略少一些，小型寺院除主要殿堂外，仅有简单的寝膳用房。至于那些只供少数僧人居住修持的小寺院即南方称之为"茅棚"的，则仅有几间房舍，谈不上什么规模格局了。大中型的佛寺多为十方丛林，可以接待云游的外来僧人居住、修持，也可以开堂传戒。小型佛寺一般均为子孙庙，不接待云游僧人，也不能开堂传戒。

　　道观即道教的宫、观，是供奉神仙偶像、举行宗教活动的场所，也是乾道（黄冠）、坤道（女冠）集体居住生活、修持的地方。道教在中国本土成长，宫观建筑也就不必像佛寺那样要经历一个漫长的汉化过程，而是一开始便以汉地建筑的面貌出现，在以后的发展过程中又不断汲取佛寺建筑的特点而最终形成大体上与之类似的比较定型的宫观建筑形制。

　　宫观之名原非道教建筑所专有。先秦的所谓宫是泛指比较高大的房屋而言，秦以后成为帝王起居用房的统称。

　　观是一种登高远眺之用的建筑物，汉代帝王多迷信神仙和方士之术，在他们的宫苑内一般都要建置一些观，以便登高望仙，通达神明。大概由于观自古即与神仙的关系比较密切，后来便多用它作为道教建筑的泛称。

　　"宫"之名则较为晚出，到唐代才开始使用。唐代皇帝认老子为同宗，特别崇信道教，为了抬高道教的身价来与佛教抗衡，便借用人间最高统治者居住的宫作为祀奉天上最高统治者的建筑的专称。从此以后，道教建筑便宫观并称，其规模较小的也叫作"院"。两晋南北朝以来，随着道教的兴盛，宫观建筑亦遍布全国各地，其数量之多，与佛寺不相上下，成为中国建筑体系中的另一个重要类型。

　　道教在其长期发展过程中，为了与佛教势力抗衡，一方面争取朝廷在政治上的支持，另一方面吸收佛经的某些教义以提高道教的哲学理论水准，促成道教理论的系统化，尤其在教团的组织和神仙谱系的制定方面更是竭力向佛教学习，甚至亦步亦趋，模仿的痕迹是十分明显的。

宋元以降，道教的教团组织制度已十分严密，宫观也像佛寺一样，分为十方丛林和子孙庙两类。宫观的最高首长为方丈，其次为监院、都管，掌管宫观的全部行政事务。监院之下设八大执事部门，分别管理内政、外事、生产、修持、法事、后勤、财务等方面的工作。后期道教的这种教团组织与佛教的汉化了的僧团组织大体类似，都是世俗宗法制度下的血缘家族制和官僚机构的翻版。那么，作为宗法制度和封建礼制的物化形态的传统院落建筑群体布局，自然也能够适应道教教团在生活、修持、管理、社会交往和经济活动等方面的功能需要，乃是不言而喻。

道教的神仙谱系也像佛教的佛神谱系一样，体现了封建宗法制度的伦理观念、尊卑观念、等级观念而形成一个严格的朝班品位和等级序列，但比之佛教更为庞大，更为复杂，也更具世俗意味。道教教义的核心是神仙信仰，修持的目的是长生不老、羽化登仙，在此基础上产生了教徒对神仙的虔诚崇拜、对神仙境界的向往和对宗教惩罚的恐惧。神仙谱系即据此而形成，并相应地构建了一个宏大、广阔的道教世界，随着宗教教义的发展又经历了由简而繁、由松散而严密的过程，到宋代基本定型。

这个道教世界包括天界、仙境、人间和地府，分别为神、仙、人、鬼居住的地方。在这个道教世界里，由各种大小神、仙组成庞大的统治集团，相当于世俗封建政权的中央政府和地方政府。统治集团的"朝廷"内的成员包括最高领导者以及担任各级具体职司的天神和仙人，也有不担任具体职司的闲散仙人。

"三清"和"四御"是道教世界的主宰，也就是中央政权机构中的最高领导者。"三清"即玉清元始天尊、上清灵宝天尊、太清道德天尊，是为诸神中地位最高的三位天神，其中元始天尊为"三清"之首席。"四御"即辅佐"三清"的四位天帝，以玉皇大帝为首揆。"三清"相当于世俗的皇帝，"四御"则相当于朝廷的宰辅。最高领导集团之下，分设各种职司，由天神担任。这些天神又有大神小神之别，他们之中有的是天上星辰的化身，源出于原始的星象崇拜，如斗姆、魁星、太白金星、二十八宿等；有的是时间的象征，如十二元辰；有的是从动物演变而来，源出于原始的动物崇拜，如青龙神、白虎神、真武大帝龟神、牛头马面等等；有的象征自然现象，如"三官"象征五行中的金土水，以及雷神、风伯、雨师、电母等。隶属于"中央政权"之下的尚有许多相对独立的"基层"或"地方政权"，成为大"朝廷"下的众多小"朝廷"，均由固定的神祇担任主管。如：治理城市的城隍，治理乡镇的土地神，管理"五岳""五镇""四渎"的岳神帝君大帝、镇神、渎神，管理地狱的判官，等等。

在道教发展的历史进程中，随着神仙谱系的日益丰富和完善，宫观建筑群的总体布局，尤其是它的中路的殿堂部分，也相应地经历了不同阶段的演变而在宋代最终定型。

明清时期的宫观建筑，无论个体的形象或者群体的布局，基本上与佛寺建筑相类似，呈多进多跨的院落建筑群，许多殿堂甚至袭用佛寺殿堂的名称。中路的正院为大门和主要殿堂之所在，左右两路跨院则分布着次要殿堂、方丈道院、茶堂、斋堂、厨房、云堂、库院，以及供应、勤杂用房，后部建置小园林。

中路是道观的礼拜区和核心部分。殿堂沿南北中轴线布置，一般呈五进院落，以应金木水火土五行相配之意。院落建筑一正两厢，正殿向南取乾南坤北、天南地北之意，配殿东西向则取日东月西、坎离对称之意。但极个别的也有将殿堂布置成八卦图的模式——八个单体建筑按北、西北、西、西南、南、东南、东、东北的方位建置，以象征坎、乾、兑、坤、离、巽、震、艮。云南巍宝山的长春洞和山西太原的纯阳宫后院是笔者所见到的这种特殊布局的两个例子。

相对于佛寺、道观等宗教建筑而言，民居、镇集、书院都是名山风景区内的世俗建筑。

名山的民居聚落以中小型的山村建筑群居多。居民从事农副业生产，也为名山的宗教活动提供各种劳务。山村选址傍山近水，具有良好的小气候和通风排洪条件。建筑物就地取材，外观简洁朴素，显示浓郁的乡土风格。聚落内部，房舍纵横为邻，往往墙接瓦连，构成曲折幽深的小街窄巷，局部留出小广场作为人际交流和商贸活动的场所。聚落总体布局的格律比较灵活，往往因山就势而随宜变通，在横向与竖向上都组织为许多饶有趣味的建筑空间，显示安谧宁静，有如世外桃源的气氛和可居可游的画意，形成一处与大自然山形地貌高度谐和的人居环境。

名山远离城市，为了解决香客和游客的生活供应，寺观往往兼营一些小型的商业，诸如贩卖香蜡冥物之类的宗教用品，以及开栈宿客、供应斋饭等。买卖逐渐扩大了，便越出寺观的院墙，于寺外另立店肆。其中有的仍由寺观经营，有的则出租或由民间承包。于是，这种盈利性商业活动在寺观经济中便上升到仅次于田产收入的地位。某些大型寺观位于名山的交通要冲，地段也比较平坦开阔，民间往往在这些寺观的周围开设店肆旅舍等，久而久之便发展为街、巷、广场，形成以一所或若干所寺观为中心的镇集。如果寺观名气较大，参拜的香客多，则因寺观而兴起的店舍就更具规模，成为一处商业中心和香客游客的集散地。这些镇集，其在山麓的一般都是名山的入口和进山干道的起点，如衡山的南岳镇，但大多数则在山上，如五台山的台怀镇。

书院是中国封建社会时期的一种特殊的高等教育组织和学术研究机构，它既不同于政府兴办的官学，也不同于民间兴办的私学。

书院多由著名学者创建并主持教务，其经费来源有政府拨给的，也有私人筹措捐献的。

书院的名称始见于唐代，到宋代在新儒学大师们自由讲学风气的影响下而大为兴盛起来。

其教学体制颇多借鉴于佛教禅宗的丛林清规，建置地点亦仿效禅宗佛寺，多半选择在远离城市的风景秀丽之地，以利生徒潜心研习。宋代最著名的六大书院之中，有四所就建在名山风景区内或者附近：白鹿洞书院在庐山五老峰下，岳麓书院在岳麓山西麓，嵩阳书院在嵩山，茅山书院在三茅山。

书院采用分斋学习和讲会的方式进行教学。前者按学习内容的不同而分为若干科，后者即定期的学术演讲。这是书院区别于官学和私学的主要标志。讲会制度产生于南宋，盛行于明代，它有一定的宗旨、规约、日程安排和隆重仪式，是书院教学的重要组织形式。讲会由不同学术观点的院内学者分别主持，也可以邀请院外的学者主持，形成不同学派的争鸣。讲会制度的影响极为广泛，往往超出书院的范围而成为一个地区性的学术集会，使书院的教学与社会上的学术活动结合起来。

书院的建筑为适应教学上的这些特点，一般由讲堂、藏书楼、祠庙、斋舍四部分组合成为多进多跨院落的建筑群。

讲堂是书院的主体，位于建筑群的中心部位，提供各种规模的学术活动和讲会的需要。藏书楼位于讲堂之后部，庋藏的书籍除供本院生徒阅览外，还面向社会开放；个别的书院还从事编纂和刊刻图书的工作。祠庙部分即祭祀先圣前贤的祠堂，一般都把祭祀孔子的礼堂放在建筑群的中轴线上，其余的散建于跨院。斋舍包括书院的山长住房、教职员工和学生居住用房、学生学习的教室，以及后勤供应、仓库等用房，分别布置在东、西跨院内。

书院无论规模大小，在山野地带的选址都能因地制宜，结合于地形和周围的自然环境而成为风景建筑，庐山的白鹿洞书院和濂溪书院便是典型的例子。湖南长沙的岳麓书院位于岳麓山清风峡入口处，西依赫曦峰，东临湘江，襟山带水的自然环境十分优美。这是一所大型的书院，坐西朝东呈多进多跨的院落建筑群。中路由大门、二门、讲堂、藏书楼等建筑序列构成四进院落，也是建筑群的中轴线。南路为斋堂，北路为祠堂，再北一路的跨院则为祭祀孔子的大成殿。这种建筑群的布局很像禅宗的大型佛寺，从书院的建筑上也可以看出佛教禅宗影响的痕迹。

利用山体的裸露岩石加工成为洞窟、造像、摩崖、石刻、经幢，这是名山风景区内除寺观以外的另一类具有宗教性质的人文景观资源。

洞窟泛指在山岳的岩壁上向纵深开凿的石窟和洞景而言，前者绝大多数属于佛教的，后者则以道教的居多。

石窟沿山崖开凿为石洞，洞口覆以殿堂形式的木构建筑，又称石窟寺。其中保留着大量石雕造像或泥塑造像，壁画，以及石刻文字，都是佛教艺术的珍贵遗产。石窟起源于古印度，并随佛教传入中国。古印度气候炎热，早期的佛教僧侣白昼托钵乞食，晚上则栖息于山林的清凉洞窟中。久而久之便发展成为规模宏大的石窟寺，与修筑在地面的寺院同为佛教建筑的两大类型。石窟从北印度传入西域，再经由西域传入内地。汉地佛教兴盛的时期也就是石窟大量开凿的盛期。汉地石窟的形制已非印度原型，而是逐渐汉化。窟内主要为佛神造像，也有供养人像，还有装饰雕刻和石刻文字，窟外面加盖木构建筑物。石窟当初作为僧侣居住、修持场所的功能已经消失，宗教宣传的作用大大加强而成为佛徒礼拜的特殊对象。许多大型石窟历经千百年的连续开凿，规模非常宏大。如敦煌石窟、麦积山石窟、云冈石窟、龙门石窟、天龙山石窟、响堂山石窟、大足石窟、广元石窟等，在世界上都有很高的知名度。名山风景区的石窟除个别情况外，一般均为小型石窟或者零星的石窟造像，数量上虽不占人文资源的主要地位，却有很高的观赏价值，也是珍贵的文物。

洞景是由人工开凿为石洞，或利用天然崖洞加工而成，也有石洞与建筑相结合的。道教视洞府为神仙之所居，因而道士往往把石洞作为长期居住修炼的场所，道教名山的洞景也最多。如像王屋山、崂山、崆峒山、庐山、青城山等处都有许多著名的洞景，"洞天福地"中的大多数亦以洞景而著称。

造像、摩崖、石刻、经幢中的大部分保存在各地名山上，记录着各种历史资料，具有很高的历史价值和艺术价值，当然也有一定的观赏价值。

造像即雕造的神佛石像，有两种：一种在石窟里面雕造的，也称石窟造像；另一种是在露天崖壁上雕造，也称摩崖造像，它不受洞窟的限制，高度可达十余米，甚至数十米。

摩崖，即镌刻在山崖或山壁上的文字、佛像等，文字内容多为纪功颂德、叙事抒怀之作，目的在于垂之久远，昭示后人。史书记载的最早的摩崖文字是夏禹的《岣嵝铭》，相传刻在衡山祝融峰上。此外还有刻在石窟中的大量铭记和造像记。摩崖文字几乎遍布于各地名山，泰山更是历代摩崖文字之集大成者。

石刻，或曰石刻文，是镌刻在一方经过打磨的石块上的文字。先秦的石刻，文字镌刻在圭形的扁石上，内容为歌颂帝王功德和帝王巡行各地的纪事；也有刻在鼓形石块上的，如著名的"石鼓文"。汉代石刻打磨比较精致，已略具碑的雏形。文字内容除有关帝王的祭祀山川，以及纪功颂德、述事纂言之外，还有墓碑和神道碑记载死者事迹，祠庙碑记载修建祠庙的经过。此外，开辟道路、兴修水利等工事也都立碑纪事。唐代是石刻碑版最繁荣的时代，我们今天所看到的碑刻，亦以唐代为最多。唐碑的造型比汉碑高大精工，由碑额、碑身、碑座三部分拼成整体。碑身是一整块长方形的扁平磨光石料，正面和背面满刻文字，侧面为线刻的卷草纹样。碑身之上为碑额，比碑身稍宽稍厚，讲究的在上面雕刻精致的螭龙花草纹样。碑身之下为碑座，有方形的、须弥座形的，也有作赑屃形的即所谓龟趺。碑刻的文字多为名家的法书，并署撰文和书丹的人名。

唐代著名的书法家如褚遂良、虞世南、欧阳询、颜真卿、李邕、徐浩、柳公权、刘禹锡等均有碑文传世。

碑文的内容十分广泛，墓碑、祠庙碑、寺观碑则占大多数，宋以后大体上仍沿袭唐代传统。

石刻碑版不仅造型优美，还有极高的书法艺术价值。学习书法时作为范本临摹的碑、帖，其中的碑即指历代的碑版文字而言。碑还有极高的史料价值，举凡历史人物的事迹、历史事件的经过、建筑工程的沿革，乃至一代的政治、经济、教化都能在碑版文字中得到具体的印证。散布在全国各地的历代石刻碑版不可胜数，而其中相当多的一部分保存在名山风景区。仅泰山一地，就系统地保存了从汉代到清代的石碑一千余通，堪称洋洋大观。

经幢是石刻的另一种形式，它形似石柱，平面六角形或八角形，幢身之上为一重或多重的宝盖，下为莲花座。通体的形象和雕刻十分精美，是由佛教法器中的幡幢演变而来。经幢通常竖立在佛寺主要殿宇的庭院中，或山门前，或大路上，或驿亭旁。也有建在墓前的，谓之坟幢。经幢幢身的六面或八面均镌刻佛经经文，其中必有两三面刻《陀罗尼咒》及诸真言，故又叫作"陀罗尼幢"。

以上阐述，大抵就是传统名山风景区所具有的人文要素的主要特点，即便这些风景区如今已由传统型转化为现代型，之后也仍然保持着。正由于人文要素特点的突出，名山风景区这个类别被赋予了不同于一般山岳风景区的特殊属性，并以此特殊属性而成为民族色彩最富集的风景区，在世界上亦独树一帜。

就我国的风景、旅游、环境、宗教等方面的现状和远景的发展趋向看来，有必要把名山风景区作为一个类别来对待并加以研究。这不仅从文化的层面上丰富了中国特色的风景学、旅游学的内容，为当前的风景事业和旅游事业的实际运作提供参考，而且对于提高全民的环境意识和审美鉴赏能力，加深全民对民族文化的理解，也是能起到一定的积极作用的。

名山风景区的自然景观鉴赏

　　古人不辞艰辛跋涉，游览名山大川，其主要目的在于品鉴观赏大自然的山水景物和人文名胜。即使虔诚的宗教信徒朝山进香，往往也把所见的山水景物和人文名胜幻化为佛国仙境而当作鉴赏的对象。所以说，风景鉴赏乃是原始型旅游的主要内容，甚至是唯一的内容。随着社会发展，物质文明和精神文明不断进步，现代型旅游活动的领域大为拓展了，其内容之丰富多样已远非过去的原始型旅游所能比拟，但风景鉴赏仍然是一项最主要的内容。

　　名山风景包括自然景观和人文景观，是人们能够接触到的风景自然资源和人文资源的总和，也是风景鉴赏的客体。人作为鉴赏的主体，在游览观光的时候从自然景观那里接受到最多、最富于魅力的审美信息，因而自然景观的鉴赏必然成为名山风景鉴赏中的最主要的一部分，当无疑问。

　　自然景观就是人所能接触到的美的自然物和自然现象的综合。

　　美的本质存在于各种具体的审美对象中，世界上能作为人的审美对象的事物比比皆是，因而美便表现为极丰富、繁杂的形态，人们在经验中所接触到的美也是多种多样的。正由于美的多样性和复杂性，使历来的美学家做过各种区别和分类的研究。到19世纪大体上取得共识，把繁复纷纭的美的形态归属于自然美、艺术美和社会美三个范畴。自然美即存在于大自然界的自然物和自然现象之美，艺术美即存在于人们的艺术创作中的美，社会美即存在于人类社会事物和人际关系中的美。

　　自然美通过美的自然对象（自然物、自然现象）而显示出来。美的自然对象大体上可以分为两种：

　　一种是经过人们直接加工和利用的对象，如田园、绿地、园林等，它们的美主要是以其社会内容的直接显露为特点，与社会事物之美十分接近；随着人类对自然的不断改造，不仅愈来愈多的自然物成为人们物质生活中有益有用的东西，它们在人们的精神生活中也日益由一种漠然的、对立的东西转化为可亲的东西，并逐渐成为人的能动创造的标记，因而或多或少包含着艺术美的成分。例如园林，如果作为一种艺术创作来看待则艺术美的成分就更多了。另一种是未经直接加工改造、尚保持着原生状态的对象，其所显示的美也有社会内容，但比较隐晦曲折。它在自然美中覆盖广大的领域，拥有多样的形式，山水风景的自然景观便是这种未经人为加工改造的、基本上保持着天然美的自然对象。

山水风景所具有的自然美是客观存在，但也关涉到一定的社会内容，还需借助人的主观认识。换句话说，它有其客观性，也有其主观性和社会性。

客观性即自然对象 —— 景物本身所具备的美的属性，这是人们能够获得美的感受的源泉。不同的景物若具备大致类似的属性，必然会引发观赏者的大致类似的美的感受；如果属性完全不同，则观赏者所得到美的感受也会迥然互异。凡是到过泰山的游人莫不为它那恢宏惇厚的气度所感动，故有"稳如泰山"及"泰山压顶"的俗谚。凡是到过桂林的游人，莫不惊叹于它的清丽妩媚，韩愈所说的"江作青罗带，山如碧玉簪"的比喻便得到世人的认可。而相反的感受，就正常人而言，一般是不会出现的。

主观性即审美活动中的主观意识作用。具备美的属性的自然景物刺激观赏者的感官（主要是视觉感官）而产生感觉，感觉通过头脑的理解而升华为知觉，形成对景物的初步感知。这一过程必然要着上观赏者对景物的某种主观的心理倾向，也就是说，人作为审美主体必然会把自己的感情移注于客观景物而产生移情作用，促成主客体之间的交流 —— 人景感应，由此萌生强烈的审美心理意向，赋予眼前的景物以一定的主观色彩。宋代画家郭熙在《林泉高致》一文中以四季之山景为例，说明人与景的感应关系：

　　春山烟云连绵，人欣欣。夏山嘉木繁阴，人
坦坦。秋山明净摇落，人肃肃。冬山昏霾翳塞，
人寂寂。

　　这便是自然美的主观性的表现。

　　社会性意味着山水风景的自然美的产生及其内涵的由浅
而深、由简单而丰富的变化过程，是与人类社会发展过程中
的各个阶段及其文化背景相关联相对应的。没有人类的存在，
当然也就无以言自然景物之美。即使在人类社会出现以后，
亦非一切自然物和自然现象都能成为审美的对象。随着社会
实践的进步，人们在改造自然的过程中使得自然物和自然现
象愈来愈多地消除其神秘和可怖，成为可亲可爱的、美的东
西。在中国，公元6世纪的南北朝时期，山水风景已由神秘
的崇拜对象转化为审美的对象，自然美为人们普遍认识并推
动山水画的萌芽、山水诗文的流行和山水园林的兴盛。在西
方，直到公元16世纪荷兰才出现独立成科的风景画，把目光
从宗教的题材转向大自然。欧洲文艺复兴时期的"人的发现"
促成了人本主义哲学兴起，人在肯定自己力量的同时也发现
了大自然之美，开始确立山水风景的审美意识并以之作为艺
术创作的源泉，但在时间上则比中国晚了大约一千年。

　　正因为自然美所具有的主观性和社会性，山水审美这
样一个复杂的生理与心理活动过程，既离不开个人的感知、
理解、评价的能力和生理、心理状态的多种因素的制约，也

必然要取决于民族、地区、阶级、阶层的集体意识以及社会发展的不同阶段上的时代意识。山水风景的鉴赏，作为审美活动当然也存在着这种主观上的个体意识、集体意识和时代意识。换句话说，对于山水风景的自然美的领会，既有全人类的共识，也存在着东方人与西方人的差异，现代人与古代人的差异，各个阶层之间甚至各个人之间的差异。

名山风景区所蕴藏着的风景的全部自然资源，构成一个完整的或比较完整的生态环境。在这个环境内的各种自然物和自然现象，以其综合或个别、整体或局部的足以引起人们美感的本来面貌而呈现为生态景观。这是人们直面名山风景时所获得的最直接的印象，是自然景观的主体，但并非自然景观的全部。除此之外，在名山范围内由各种峰、岭、沟、谷的围合而呈现为丰富多样的空间形态，让人们得以领略到空间景观之美；某些特殊的景物通过人们的联想形成主观意象，再把意象投射于客观景物，从而又衍生出丰富多彩的意象景观。

所以说，名山风景区的自然景观以生态景观为其主体，还包括空间景观和意象景观。相应地，名山风景的自然美也就是它的生态之美、空间之美、意象之美此三者的复合。

第一节
生态景观

生态景观指名山作为一个完整的生态环境或者生态环境的一部分所呈现的景观而言，也就是名山的自然资源诸要素——山体、水体、生物、天象——处在原生状态和生态平衡状态下所呈现的整体或局部的景观。原生状态和生态平衡状态意味着地貌发育以及生物、气象等的地景变化均不受人为干扰而始终处于健康状态，犹如人体之讲究健康美一样，身心不健康的人是谈不上美的。这样一个健康的山岳生态环境，不仅让人们看到大自然的天然美，而且能够呼吸清新的空气，饮用甘甜的泉水，嗅到花草的芳香，闻听虫鸟天籁的声音，摸触大自然的肌肤。总之，满足人们回归大自然的以视觉为主，以味觉、听觉、触觉为辅的全面的感官享受，从而最大限度地获得美的愉悦。把名山风景的自然资源诸要素作为生态景观来鉴赏，有助于强化人们的环境意识。名山生态之美只能体现于健康的生态环境，而健康的名山生态环境又不能脱离其周围的无限广阔的大自然环境而孤立存在，如果建立这样的共识，也会提高人们对环境保护的自觉性。

名山生态之美，其美的客观属性在一定程度上反映了它的构成诸要素的典型的科学性质。许多名山的山体都具有非常发育的断层结构，如像五台山、恒山、泰山、武当山、庐山、衡山等均为典型的断块山。丹霞地貌的名山如武夷山、龙虎山、丹霞山，花岗岩地貌的名山如华山、黄山、三清山、天柱山等，都分别体现了这两类地貌在地质学上各自不同的典型的岩性特征。峨眉山的植被及其垂直带谱的情况，在西南地区具有典型意义，山间的云雾烟霞也显示了地区性的气象和气候的特色。我们谈论名山生态景观，必然会涉及它的构成诸要素在地质、生物、气象等方面的科学成因，前者是表象，后者是本质。鉴赏名山自然景观虽不同于专业性的科学考察和研究，但若多了解一些与名山有关的科学知识，必将会有助于对它的生态美的更深入的领会。

历来的文人、画家行万里路，对各地名山饱游饫看，细心体察，凭借他们的敏锐的鉴赏能力，在所著诗文与画论中留下许多有关品鉴名山生态之美的精辟见解。历来的风水堪舆学说作为一门研究人的居处环境的术数学问，关于山岳的生态景观多有具体细致的分析，在迷信的论述中寓有某些科学和美学的成分。如果我们多一些这方面的知识，也将会有助于对名山生态美的更深入的领会。

名山的生态景观的魅力，主要表现在这个生态环境的形象、动态、色彩、声音上面。相应地，鉴赏名山生态景观就在于把握这个生态环境的形象之美、动态之美、色彩之美以及声音之美。

形象是人们从生态环境所获得的最直观、最重要的感受，把握形象之美，在生态景观的审美活动中也就具有头等重要的意义。

山体、水体、植被、天象诸要素构成名山生态形象的全部或者局部。而山体又是形象的骨架和基础，它的轮廓、造型、质地对于形象的性格特征的形成起着决定性的作用。名山层峦叠嶂穿插错落，层次复杂，变化多端。人们不仅从远处审视其全局的仪态，还进入山体之中，左右登临，上下俯仰，身所盘桓，目所绸缪，就近观察其局部细节。宋代画家郭熙在《林泉高致》一文中把山岳的这种整体和局部、全貌和细节所呈现的繁复纷纭的形象概括为："真山水之川谷，远望之以取其势，近看之以取其质。"清代画家唐岱在《绘事发微》中又加以发挥：

> 至山水之全景，须看真山，其重叠压覆，以近次远，分布高低，转折回绕，主宾相辅，各有顺序。一山有一山之形势，群山有群山之形势也。看山者以近看取其质，以远看取其势。

远看取其势，"势"即山岳的宏观态势，譬如山体的轮廓、峰峦的造型、大片植被的林景等；近看取其质，"质"即微观的细节，譬如山岩的形状、节理、质地，树丛及单棵树木的姿态，以及山间蕴含着的各种水体、云雾烟霞，等等。名山生态景观形象的鉴赏，理应兼顾势与质。

风水理论之有关于山岳环境的"形""势"之论说，散见于几部重要的风水著作中，与郭熙的"质""势"的提法颇有类似之处：

> 远为势，近为形；势言其大者，形言其小者。
> 势居乎粗，形在乎细。
> 势可远观，形须近察。远以观势，虽略而真；近以认形，虽约而博。

"势"指远观的、总体性的、轮廓性的实体构成及其视觉的美感效果；"形"即郭熙所谓"质"，指近看的、局部性的、细节性的实体构成及视觉的美感效果。

> 千尺为势，百尺为形。形者势之积，势者形之崇。

具体指出势与形之间的尺度控制关系：视距为千尺，则远观其势；视距在百尺之内，则可察其细节之形。

> 势为形之大者，形为势之小者。来势为本，住形为末。形以势得。无形而势，势之突兀；无势而形，形之诡忒。
> 于大者远者之中求其小者近者，于小者近者之外求其远者大者，则势与形胥得之矣。

说明势与形并非对立而是相辅相成，但势是根本，以势方能住形。

古人非常注重山岳远观的气势、态势，山水画论中多有这方面的议论，可视为画家鉴赏山岳生态景观形象的经验之谈，例如：

龙脉为画中气势源头，有斜有正，有浑有碎，有继有续，有隐有现，谓之体也。开合从高至下，宾主历然，有时结聚，有时澹荡。峰回路转，云合水分，俱从此出。起伏由近及远，向背分明，有时高耸，有时平修，欹侧照应，山头山腹山足铢两悉称者，谓之用也。若知有龙脉而不辨开合起伏，必至拘索失势。知有开合起伏而不本龙脉，是谓顾子失母。

——王原祁《雨窗漫笔》

大山堂堂，为众山之主。所以分布以次冈阜林壑，为远近大小之宗主也。其象若大君，赫然当阳，而百辟奔走朝会，无偃蹇背却之势也。

——郭熙《林泉高致》

山有主客尊卑之序，阴阳顺逆之仪。……主者，众山中高而大也，有雄气敦厚，旁有辅峰丛围者，岳也。大者尊也，小者卑也。大小冈阜朝揖于前者，顺也；无此者，逆也。

—— 韩拙《山水纯全集·论山》

山无宾主则失其朝揖之致 …… 总有主山，其势高于宾山，有低昂方有气势。

—— 林纾《春觉斋论画》

历来的山水诗作中，亦颇多以精练的笔墨从宏观全局来把握名山气势的。例如，王维的《终南山》咏终南山之气势：

太乙近天都，连山接海隅。

白云回望合，青霭入看无。

分野中峰变，阴晴众壑殊。

欲投人处宿，隔水问樵夫。

《华岳》咏华山之气势：

西岳出浮云，积雪在太清。

连天凝黛色，百里遥青冥。

白日为之寒，森沉华阴城。

昔闻乾坤闭，造化生巨灵。

右足踏方止，左手推削成。

天地忽开拆，大河注东溟。

……

李梦阳《泰山》咏泰山之气势：

俯首元齐鲁，东瞻海似杯。

斗然一峰上，不信万山开。

日抱扶桑跃，天横碣石来。

君看秦始后，仍有汉皇台。

李白《西岳云台歌送丹丘子》利用滚滚黄河之反衬描写烘托华山气势：

西岳峥嵘何壮哉，黄河如丝天际来。

黄河万里触山动，盘涡毂转秦地雷。

荣光休气纷五彩，千年一清圣人在。

巨灵咆哮擘两山，洪波喷箭射东海。

三峰却立如欲摧，翠崖丹谷高掌开。

白帝金精运元气，石作莲花云作台。

……

清代学者魏源把五岳山体的宏观态势概括为："恒山如行，岱山如坐，华山如立，嵩山如卧，惟有南岳独如飞。"这"行""坐""立""卧""飞"五字之形容，可谓点睛传神之笔。

名山的可供近观的局部形象，如岩景、石景、树景、水景等等也不胜枚举。其中，石景和树景最能表现山岳生态的"质"或"形"之美，故大多数名山风景区均以石景和树景著称。

中国多山，山上多岩石，包罗了世界上绝大多数的岩石地貌类型。汉民族历来就特别钟情于石之美姿，视石为"山骨""云根"。文人爱石成癖，米芾拜石传为世之美谈。石成为诗文描绘的对象，也是宋代以来的文人画的主要题材之一。利用小巧玲珑的天然石块创为盆景艺术，案头清供，园林里面则用美石堆叠为假山，形成世界上独树一帜的叠石艺术，后期的中国古典园林几乎是"无园不石"。山水画也非常讲究石景的描绘，还根据岩石的节理等岩性特征而创造出皴法这种特殊的笔墨技法，最能表现中国绘画的线条之美和山岳岩石的神韵。这些，均源于山岳的石景，而又反馈于人的意识，影响人们对石景的重视和名山石景的开发。

历来的名山开发，既维护其植被的大片成林之美，也十分重视展示单株树木或若干株成丛的树干、枝叶、树冠所形成的构图美。几乎每一座名山都有以单株或若干株树木而成景的情况，尤其是那些古树名木在特殊的山岩地段和特殊的小气候条件下形成的千姿百态，最足赏心悦目。中国的山水画所描绘的山间树木的美姿便是画家在细心体察现实的基础上做出的程式化的提炼，画论中有关画树的枝干条理的论述亦多源于这类古树名木的形象概括。树木与岩石恰当结合往往形成精彩的名山生态形象的小品构图，也是小品山水画的常见题材。

所以说，对名山生态景观形象的鉴赏，务必势与质兼顾，方能获得美的全貌。而欲得其全貌，关键在于游览路线的安排和视点的选择，即所谓"得景"。对此，我们可以从山水画的画论中得到一定的启迪。郭熙《林泉高致》：

> 山近看如此，远数里看又如此，远数十里看又如此，每远每异，所谓山形步步移也。山正面如此，侧面又如此，背面又如此，每看每异，所谓山形面面看也。如此，是一山而兼数十百山之形状，可得不悉乎。

明代画家程泰万《水墨万壑图册》题画诗：

> 看山苦不足，步步总回头。
> 看水吟不足，将心随溪流。

山水画的全景画面上所表现的那些层峦叠嶂、千岩万壑的静态的景观以及丘陵奔趋、烟云缭绕的动态的景观，都是画家通过面面观、步步看所捕捉到的众多形象再通过散点透视之法而再创造的集锦，往往在同一个视点上，既能表现看得见的形象，也能表现实际上看不到的形象。画家既忠实于实景，又跳出实景的时空局限，显得气势磅礴、内涵丰富。这是中国山水画不同于西方风景画的一个主要特点，把握这个特点，对于名山生态形象的鉴赏，"读"名山风景这幅"天然图画"时也不失为有益的参照。

郭熙在同一篇文章中还把历来画家处理视点方面的经验加以总结，提出山水画创作的一个重要理论——"三远"：

山有三远。自山下而仰山巅，谓之高远。自山前而窥山后，谓之深远。自近山而至远山，谓之平远。高远之色清明，深远之色重晦，平远之色有明有晦。高远之势突兀，深远之意重叠，平远之意冲融而缥缈。其人物之在三远也，高远者明了，深远者细碎，平远者冲澹。明了者不短，细碎者不长，冲澹者不大，此三远也。

稍后，画家韩拙《山水纯全集》对此又作了补充：

郭氏曰：山有三远。自山下而仰山上，背后有淡山者，谓之高远。自山前而窥山后者，谓之深远。自近山边低坦之山，谓之平远。愚又论三远者：有近岸广水，旷阔遥山者，谓之阔远；有烟雾暝漠，野水隔而仿佛不见者，谓之迷远；景物至绝，而微茫缥缈者，谓之幽远。

郭熙提出的"前三远"专指山岳风景而言，韩拙提出的"后三远"则扩展为一般的山水风景，可视作前者的外延。这是中国山水画发展到宋代而取得高度成就的标志之一，对后世产生很大的影响。

"三远"的理论基础在于把视点的选择归纳为高、深、平三种类型，它们既是山水画画面上构图经营的三种模式，也是画家通过游山实践总结出来的三类得景手段。"三远"之景并非画家的虚构，而是普遍存在于山岳风景之中。如果我们细心体察各地名山风景区的自然生态景观，则不难发现它尤其富于典型的高远、深远、平远之美。

"三远"之得景，与山岳的自然空间所形成的景深层次有直接的关系。空间的穿错愈多则得景愈佳，空间的变化愈大则得景愈多。名山风景区一般都蕴含着丰富多变的自然空间，故"三远"意匠经营的条件要比普通的山岳优越得多，而这种意匠经营的具体实践，关键在于景点的安排、建筑的选址以及道路的布设。尤其是道路布设，最能体现名山的"三远"之美。这在一定程度上与画理相契合，因而又多少赋予名山生态景观的形象以"如画"的意趣。

山岳生态景观的形象美极其丰富而变化无穷，不仅诗人画家从中汲取创作灵感，其中还包含着抽象造型的全部构成规律，对书法、舞蹈、音乐之类的抽象艺术也能有所启迪。唐代书法家张旭在漫游各地名山之后，他的狂草书艺便大为长进。这种大自然鬼斧神工的形象之美，可以用定量的方法对其构成规律做出分析性的表述，也可以用定性的方法就其宏观而做出概括性的表述。汉民族于山岳形象美的领悟，往往更多地借助于后者。对此，历代的山水诗文都有大量细致生动的描写。其中不少就是文人墨客游览各地名山，细心体察相互比较而做出的概括性的表述。唐代以来的山水诗中，已出现极简练、准确的表述概念，总括这些表述概念，我们可以把名山生态的形象美归结为"雄""险""秀""幽"四个范畴。前两者属于阳刚之美，后两者属于阴柔之美。如果借用德国哲学家康德的美学语言，则前两者相当于"壮美"，后两者相当于"优美"。它们是山岳生态景观的形象美的高度概括，也是古人从山岳整体的"势"和局部的"质"所获得的最直观最基本的感受。

"雄"表现在山体的高大挺拔，仿佛通天拔地，也表现在刚健的轮廓线条及其峰峦的陡峭坡势。泰山主峰的海拔高度并不太高，但相对于周围的平坦丘陵，其形象却显得巍巍耸立，气势磅礴，再加上地壳构造的抬升作用和地表的侵蚀作用而形成的"山势累叠，主峰高耸"的稳重造型，更予人以雄伟的印象，故有"泰山天下雄"的口碑。峨眉山无论其绝对高度还是海拔高度均为我国名山之冠，故人们誉之为"雄秀西南"。一般说来，凡是高大的山岳都具有雄美的气势，五岳之所以被尊为"岳"主要在于其山体的高大雄健。陡峭的坡势也能显示山岳的雄伟形象，高度虽不高但多峭壁悬崖和刚健轮廓线条的山，比起高度很高但坡度平缓、轮廓线条柔和的山，其形象要雄伟得多，这是就其宏观的"势"而言。若近看其"质"，则岩石垂直节理分明的线条，在一定程度上能够增益山岳的雄美气势。此外，裸露花岗岩的球状风化，山间巨石散布所形成的山体粗壮的质地，花岗岩和石灰岩的凝重颜色、大片植被的暗绿颜色所形成的冷色调，也都有助于突出山岳生态形象的雄健感。

"险"表现在山体的深度切割所形成的危峰峻岭、悬岩峭壁、陡坡深谷以及有如斧刃的山脊形象，身历其境，往往战战栗栗，望而生畏。险峻之美最能激发人们的惊心动魄的感情，传达相当大的审美信息量，往往使得勇者向前，懦者却步，所谓"无险不奇""无限风光在险峰"。华山是险峻形象之典型，《山海经》描写其为"太华之山，削成而四方，其高五千仞，其广十里"。它的山体之所以具有这样陡然挺削、体势如立的形象，乃是由于关中地质构造的特殊原因：山的花岗岩体随地壳运动上升较快，形成典型的断块山，有明显的断层和垂直节理发育。山峰的坡度在六十度左右，有的达到八十度以上，四壁陡立如平地拔起的天柱。谷底到峰顶高差近千米，游人登临十分困难，山路大都沿着陡坡、峭壁、山脊敷设，千尺幢、百尺峡、苍龙岭都是著名的险径。人们沿着"自古华山一条路"，可充分领略名山的险峻之美，故有"华山天下险"的说法。辽宁丹东的凤凰山，在花岗岩山体的有如斧刃的陡峭的山脊上连续分布着"老牛背""百步紧""三云台""天下绝""老虎口""马蹄窝""摘星岩""金龟石""通天桥"等令人胆战心惊的险奇景点，长达数公里，这在名山风景区中也是不多见的。其他的花岗岩断块山，如庐山、黄山、武当山等，其山体形象亦大多具备类似的险峻性格。

"秀"表现为山岳生态的柔和、妍媚、生机盎然和丰满清丽。山峦起伏圆润的轮廓线，较高的植被覆盖率，山石与土壤很少裸露，依附着一定数量的溪涧水体和烟云缭绕等，这些都最能显示出山岳的秀美性格。南方气候温和，雨量充沛，植被茂密，山间多水，故南方的名山更具秀美的特色，素有"南秀北雄"的口碑。峨眉山不仅山体雄伟，而且其山岳生态的秀美形象也十分突出，故有"雄秀西南"的美誉。峨眉山之秀，主要在于其生态景观的两方面的形象特色：

一是远观其延绵柔和，弯曲起伏的山形轮廓有如美女的黛眉，所谓"峨者高也，眉者秀也，峨眉者高而秀也"。尤其在多雾的天气，迷迷蒙蒙之中更透出双峨如眉的灵秀之气，明人赵贞吉《游峨眉山歌》甚至把它比拟为美女的双目：

峨眉两片翠浮空，日月跳转成双瞳。
美人西倚映碧落，昆仑东向悬青铜。

二是那满山树木苍翠绚烂犹如锦绣世界，自山脚至山顶的明显的垂直带谱分布着众多的植物种属而成为西南的植物王国。通常所谓"峨眉天下秀"，即指此两者的秀美形象而言。植被对于名山生态景观的秀美性格的形成至关重要，植被覆盖率愈高则秀的意味愈浓。反之，如果植被遭到大量破坏，生态的秀美感必然会削弱其至完全消失。此外，丹霞岩的山体以及横向节理比较发育的花岗岩山体，一般都能增益其形象的灵秀之气。武夷山的丹霞岩景与九曲溪曲折如带的水景相结合所构成的地貌景观形象犹如小家碧玉，故而秀色可餐。

"幽"的形象多见于大壑深谷、森林覆盖丰厚的山体，透光量不大，空气净洁，景深层次多。人处其中，视野一般比较窄狭，有深不可测的奥秘而无一览无余之直观，含蕴着幽曲、幽静、幽深的气氛而产生一种超凡脱俗、隐逸自乐的人景感应的效果。四川青城山号称"青城天下幽"，其幽趣主要得之于它的较为封闭的山势格局，进入山中犹如身处城堡；也得之于那茂密的植被覆盖，人在山中游，到处苍翠欲滴，故而名为"青城"。杜甫为此写下了这样的诗句："自为青城客，不唾青城地；为爱丈人山，丹梯近幽意。"浙江的雁荡山，游览路线多沿山谷，景点多半在山间盆地，其生态景观亦以秀美之形象著称。（图1、图2）

名山的整体由于地貌发育结合生物、气象等的地景变化而形成多姿多态的局部和细节。按现代完形心理学的说法：任何事物作为一个有组织的整体，它并不是部分之和，

1

青城山道教建筑群与自然环境

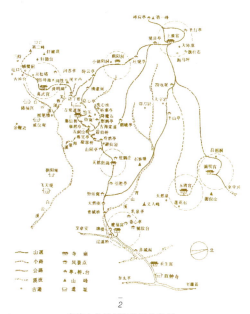

2

青城山风景区总平面示意图

而部分也不含有整体的特性。因此，名山生态形象的局部的秀与幽并无伤于其整体的雄与险，整体的秀与幽亦不意味着没有局部的雄与险。所以说，任何名山的生态景观，其形象都是兼有雄、险、秀、幽的特点——刚柔相济的性格。只不过有的在宏观上以雄险的态势著称，或者多有雄险的局部景观；有的则在宏观上以幽以秀的气氛怡人，或者其局部的幽与秀景观居多。古人所说的"泰山天下雄""华山天下险""峨眉天下秀""青城天下幽"等等，即就此意义而言。

形象是对名山生态景观处于相对静止状态的概括，而这个生态景观往往于静态之中还显示一种动态之美，静中寓动，且相得益彰。在许多情况下，动态的魅力更甚于静态，它赋予名山以更多的灵气而为人们所特别钟爱。山，原本是静止的，之所以会出现动态，其原因一是名山地貌本身所蕴涵着的动势，二是山体中存在着动的构景要素。

动势即山体地貌显示的运动气势。山本静而妙在动，山体并未受到外力的驱使却仿佛自己在运动，好像涵孕着内在的生机。这是由于人的视官能的错觉而起的心理幻象，也是人对山体的移情作用的结果。历来的堪舆家在相地、定穴的时候都非常重视这种幻象，而且一再加以夸张。堪舆家把周围群山中的主山名之为"龙山"，固然为"四灵兽"之首的寓意，却也有喻其动若游龙的态势，上文提到的风水学说所谓的"势"也包含山体动势的意思。《葬书》中屡次论及"龙山"作为背景烘托的动势：

　　地势原脉，山势原骨，委蛇东西，或为南北。

　　宛委自复，回环重复，若踞而候也，若揽而有也。

　　上地之山，若伏若连，其原自天。

　　若水之波，若马之驰，其来若奔，其止若尸。

　　势如万马自天而下，其葬王者。

　　势如巨浪，重岭叠嶂，千乘之葬。

　　势如降龙，水绕云从，爵禄三公。

　　山岳的动势，主要表现在群峰形象的方向性以及它们的集聚、倾斜、高低的节奏所组成的总体构图上，武当山的"七十二峰朝大顶"便是典型的一例。大顶即主峰天柱峰的金顶，巍然耸立于群峰之上，周围群峰的峰顶均微弯而趋向金顶，仿佛朝觐君长，一个"朝"字点出其动势之妙趣。

　　前山槎牙忽变态，后岭杂沓如惊奔。

　　　　　　　　　　　　　　　—— 苏东坡

　　五岭逶迤腾细浪。

　　　　　　　　　　　　　　　—— 毛泽东

　　群峰盘互，祖峰乃厚，土石交覆以增其高，支陇勾连以成其阔。一收复一放，山渐开而势转，一起又一伏，山欲动而势长。

　　　　　　　　　　　　　—— 笪重光《画筌》

诸如此类，都是对峰岭起伏有如波涛澎湃的动势的状写。自从南齐画家谢赫提出"气韵生动"作为绘画"六法"之首，历来的山水画家都非常关注山形水容在画面上的动态感。文人广游名山大川，亦从山川大势之宏观而获得动态的感受，因而诗词中常见"飞岩如削""江悬海挂""云里千山舞"等等的状写。

魏源把五岳山体的形象概括为"恒山如行，岱山如坐，华山如立，嵩山如卧，惟有南岳独如飞"，也是从山体的动势感受而得出的这五座名山形象的对比。

名山除本身的动势之外，山体中还存在着许多动的构景要素，如树木摇曳的"柳浪""松涛"、鸟类的飞翔、虫类的跳跃、兽类的奔突，而最生动的则莫过于流水、飞瀑和烟云了。

山间的潺潺溪涧，流水涣漾发出轻微的声音，于幽静中透出生意，所谓"山本静，水流则动"。叮叮咚咚流淌着的溪涧，为宁静的山景平添了多少活泼律动的生机。瀑布是名山常见的动态水景，雁荡山的大小龙湫，庐山的开先瀑布和三叠泉，黄山的百丈泉和人字瀑，都是显示山岳动态景观的著名景点。唐代诗人李白这样描写开先瀑布的动态：

日照香炉生紫烟，遥看瀑布挂前川。

飞流直下三千尺，疑是银河落九天。

明人李梦阳《游庐山记》把三叠泉的动态形象比拟为"势如游龙飞虹，架空击霆，雪翻谷鸣，此庐山第一观也"。云雾烟霭自深谷中冉冉升起，顷刻间好像大海波涛翻滚，瞬息万变而神秘莫测。黄山、泰山、峨眉山、武当山、庐山均有著名的云海之景，试看当代作家菡子《黄山小记》对黄山云雾动态美的描述：

> 住在山上，清晨，白云常来作客，它在窗外徘徊，伸手可取，出外散步，就踏着云朵走来走去。有时它们弥漫一片使整个山区形成茫茫的海面，只留高的峰尖，像大海中的点点岛屿，这就是黄山著名的云海奇景。

云之形随风而变，动态各异，聚散不一，轻而为烟，重而为雾，浮而为霭，聚为山岚之气，风吹云动，从脚下或眼前掠过，这种"乱云飞渡仍从容"的景象看去又似乎云不动而山在移。其所显示的扑朔迷离，最是耐人玩味。

佛教禅宗的六祖慧能，一日聆听师父说法，忽然堂外微风吹拂幡旌，师问什么在动？一徒答曰"幡动"，另一徒答曰"风动"，而慧能则答曰："非幡动也，非风动也，乃心动也。"这"心动"二字足以表明慧能于禅理顿悟之深刻程度，如果借用来说明"云住山移"的现象，亦足以加深人们对名山动态景观的领悟，强化人景感应的关系。

动态之景赋予名山以灵气，有助于创造佛国天堂、神仙境界的氛围。因此，无论佛教名山或者道教名山，大多数均富于动态之美，它们不仅增加了生态景观的魅力，也能更多地激发参拜者的宗教感情。

名山的山体具有三维度的庞大体量，蕴含着丰富的自然空间。游人在山里所取的观赏角度，既有平视，也有仰视和俯视。因此，其生态景观较之平原地带更能突出色彩的远近层次的差异，受光面与逆光面的差异，因而更能显示色彩的魅力。

色彩主要表现在名山的植被、岩石、土壤、水体等构景要素上面。但名山生态景观的色彩并非稳定的，在不同的天象条件之下会显示不同的色调。一日之中的时间变化，一年四季的季相变化，阴晴雨雪的气候变化，都会影响名山生态的色彩变化。

植被和岩石的颜色构成山岳色彩的基调。植被的绿色是大自然环境中最常见的色，也是正常的自然生态的主要色。它给予人们的视官能以最舒适的感觉，乃是生命之色。当今世界上，多少人为维护大地的绿色而进行着不懈的斗争。名山一般都有较高的植被覆盖率，由于树种不同，其大片绿色又呈现为深、浅、冷、暖的不同色调，再配以乡土花草的点缀，形成了欣欣向荣的以绿为主的斑斓色彩，足资人们赏心悦目，同时也在宏观上体现了大自然的盎然生机。山体的裸露火成岩和水成岩呈暖灰色或冷灰色，丹霞岩呈暗红色，衬托着植被的绿色，色彩的对比尤为鲜明。中国山水画中的"金碧山水"和"青绿山水"的色调，就是山岳生态所呈现的这种种色彩基调的提炼和概括。

名山没有污染，山间的水体晶莹如镜，反映山石树木、天光云影，无异于成倍地增加了色彩的分量。水瀑跌落的白练，则宛若缤纷色彩中的一抹高光。高山顶上往往终年积雪，银装素裹，洁白无瑕，犹如老人的满头银丝，更显名山的高雅格调。

山上的云雾，晨昏之景往往变幻莫测，为山岳生态的色彩之美增加了另一种神秘的魅力。不少高峻的名山，由于受到特殊的小气候条件的影响，在细雨绵绵、薄雾蒙蒙之中，仿佛涂上了一层调和色，使群山的色彩趋于柔和、素雅、谐调，犹如一幅水墨画，又好像披覆着一层轻纱，遮盖住繁杂的山石枝叶，加强了峰峦的整体感。在某些名山的高峰极顶观看旭日东升时的霞光万道，其色彩之绮丽尤为动人。

一日之中，晨曦朝晖，夕阳暮霭，往往为名山生态创造了色彩瞬息变幻的佳景。即便白天阳光明媚，随着阴影的移动，色彩亦在不断变化之中。入夜，色彩仿佛消逝了，群峰尽洗铅华，月光下一切都呈现为暗黑的剪影，则又是另一番色调的景象。

季相变化是名山生态形象的色彩美的主要特征，大多数名山都有四季可观之景：春天，草木发华，植被多呈嫩绿色调，显示一派欣欣向荣；夏天，林木翁郁，百花齐放，山间空气润湿，多烟雨云雾之景，有清凉无暑之胜；秋天，植被色彩斑斓如锦似绣，大片的枫叶、黄栌树叶把层林尽染，其绚丽景象尤为壮观；冬天，草木摇落，常绿树亦呈暗色调，予人以肃杀凝重的感受，中原和北方的名山冬季多为冰雪覆盖，一派银装素裹、洁白无瑕的冰雪世界更是难得的观赏对象。总之，一年四季景色各臻其妙，所谓"春翡、夏翠、秋金、冬银"。历来的画家对此尤为敏感，创作了许多四季山水图。画家韩纯全以人的姿态比拟山的季相并加以高度概括：

　　　　山有四时之色，春山艳冶而如笑，夏山苍翠
　　而如滴，秋山明净而如洗，冬山惨淡而如睡。

　　声音诉诸人的听觉，以声入景可以作为视觉直观的辅助烘托，很能增益生态美的感染力量。名山不仅有形、有色、有静、有动，而且有声，领略名山生态的自然美也应该包括声音之美。

　　自然界的声音，古人谓之"天籁"。古往今来，多少音乐家从大自然的声音获得创作的灵感，天籁又是多少华美乐章的一个重要创作源泉。我们熟悉的许多中外名曲如《田园交响乐》《春江花月夜》《二泉映月》等等，都能从中聆听到天籁的旋律。

　　名山风景区正是领略天籁的最好地方，林中虫鸟的鸣叫，山间溪流的潺湲，飞瀑下泻有如雷鸣，风动竹篁仿佛碎玉倾撒，微风引起的阵阵松涛，等等，均能予人以聆听音乐一般的享受，激发人们无限的遐思。李白就曾把松涛比作蜀僧的琴音：

> 蜀僧抱绿绮，西下峨眉峰。
>
> 为我一挥手，如听万壑松。
>
> 客心洗流水，馀响入霜钟。
>
> 不觉碧山暮，秋云暗几重。

元人李孝光《大龙湫记》描写雁荡山的大龙湫瀑布，可谓绘声绘色：

> 湫水方大，入谷，未到五里余，闻大声转出谷中，从者心掉。望见西北立石，作人俯势，又如大楸。行过二百步，乃见更作两股相倚立；更进百数步，又如树大屏风，而其巅谽谺，犹蟹两螯，时一动摇，行者兀兀不可入。转缘南山趾，稍北，回视如树圭。又折而入东崦，则仰见大水从天上堕地，不挂著四壁，或盘桓久不下，忽迸落如震霆。东岩趾有诺讵那庵，相去五六步，山风横射，水飞著人，走入庵避，余沫迸入屋，犹如暴雨至，水下捣大潭，轰然万人鼓也。

个别情况下，甚至以某种特殊的声音入景。佛寺道观的暮鼓晨钟，其音悠悠扬扬，渲染了名山的宗教神秘气氛。峨眉山万年寺旁的水池中栖息着一种"弹琴蛙"，每到晚间群蛙和鸣如鼓琴瑟，堪称一绝。此外，如像"柳浪闻莺""万壑松风"之类以声音而为景题的，"听涛轩""听泉亭""云外钟声"之类因声音而建置为景点的，更是屡见不鲜。

生态景观以其形象、色彩、声音诉诸人的感官，景作用于人，人移情于景，产生人景感应而引起美感，并借此陶冶性情。这是由物境而直接引发的美感。如果移情作用继续深化，达到情景交融的地步，则不仅人移情于景物，仿佛景物也移情于人，这在人们的心目中又会出现一种意境之美。意境是物境意识化的产物，是通过联想的心理活动而衍生出来的景外之境，它反映了自我与山水风景相融糅而处于"我中有景，景中有我"的状态。《庄子·秋水篇》记述庄子与惠子在濠梁上的一段对话正是这种状态的写照，也就是宋代词人辛弃疾所谓"我见青山多妩媚，料青山见我应如是"。所以说，意境的内涵、性质以及领会程度的深浅，固然取决于生态景观的审美属性，也关涉到鉴赏者的阅历、素质、学养、情操。

虔诚的宗教信徒，凭借幽美的山岳生态的物境而在心目中幻化为佛国仙界的意境。这种亦真亦幻的联想，更能激发宗教的热情，往往成为佛教和道教开发名山的一股力量。而佛、道名山的层峦叠翠、云雾缥缈又为宗教意境的开拓，提供了最佳的物境条件。

古代的文人墨客读万卷书，行万里路，在生态景观的鉴赏活动中渗入诗文绘画的情趣，往往会油然而生出他们所熟悉的诗与画的联想，仿佛大自然的生态环境是冥冥中的鬼斧神工按照艺术规律而创造出来的，把天生地就的大自然"艺术化"，并借助艺术化的心理过程来体会诗画意境之美。这便是人们常说的"风景如画""天然图画"的意蕴之所在。

明人张岱《湖心亭看雪》描写大雪中泛舟西湖赏雪的情形：

大雪三日，湖中人鸟声俱绝。……雾凇沆砀，天与云、与山、与水，上下一白。湖上影子，惟长堤一痕，湖心亭一点，与余舟一芥，舟中人两三粒而已。

在上下一白的寂寥迷蒙之中，一痕、一点、一芥、两三粒勾勒出一幅极简练淡远的水墨画面。作者正是运用这种如画的白描状写，赋予西湖雪景以玩味无尽的诗情画意。

文人墨客深受道教和佛禅的影响，往往能于大自然生态的物境中领悟其清空、虚静、恬适的意趣。

众鸟高飞尽，孤云独去闲。

相看两不厌，只有敬亭山。

——李白《独坐敬亭山》

> 千山鸟飞绝，万径人踪灭。
>
> 孤舟蓑笠翁，独钓寒江雪。
>
> —— 柳宗元《江雪》

这两首千古传诵的山水诗，其所传达的意境信息把读者带入一个空灵冷峻的境界。

明人袁中道《爽籁亭记》生动地记述了他在观赏山间飞泉时，心随景化而天人契合，由浮躁逐渐进入虚静的意境：

> 其初至也，气浮意嚣，耳与泉不深入，风柯谷鸟，犹得而乱之。及瞑而息焉，收吾视，返吾听，万缘俱却，嗒焉丧偶。而后泉之变态百出，初如哀松碎玉，已如鹍弦铁拨，已如疾雷震霆，摇荡川岳，故予神愈静则泉愈喧也。泉之喧者入吾耳，而注吾心，萧然冷然，浣濯肺腑，疏瀹尘垢，洒洒乎忘身世而一死生，故泉愈喧，则吾神愈静也。

诸如此类，不一而足。

以上所举诸例，说明游人面对类似的物境，如果具备大体上类似于作者的学养和情操，也能够大体上领略到类似的意境。否则，就无从谈起了。

唐宋以来，在山水风景的生态景观的鉴赏方面尤重意境之追求。正是由于这样一种复杂的联想心理过程，使得同一风景每游每异，甚至百游不厌。

意境，大为拓展了山水审美的领域。

第二节
空间景观

空间由实体围合而成。实体与空间的关系表现为实与虚、有与无的关系，亦即阳与阴的矛盾对立却又相辅相成的辩证关系。这是以《易经》为代表的中国传统哲学的主要命题之一。先秦的儒道两家均认为宇宙间的万事万物无不处在这种辩证关系的运作之中。《老子》的一段话恰当地作了说明：

> 三十辐共一毂，当其无，有车之用。埏埴以为器，当其无，有器之用。凿户牖以为室，当其无，有室之用，故有之以为利，无之以为用。

在先哲们看来，从芥粒之微到天地宇宙之大，无往而非实体与空间的对立统一，无不显示其空间的存在意义。它"精充天地而不竭，神覆宇宙而无望；莫知其始，莫知其终，莫知其门，莫知其端，莫知其源；其大无外，其小无内"，浸假而形成汉民族的强烈的空间意识，不仅表现在人为的创造之中，也表现在人们对大自然山川风景的认识理解和鉴赏上面。

汉民族的这种强烈的空间意识的形成，除了传统哲学思想的主导之外，也还有其社会实践的历史背景，是汉民族的远祖对内陆生活环境的选择过程逐渐在心理上积淀的结果。

生息于内陆的先民们在中原、西北和北方聚群居住逐渐成为原始的聚落，经过多次迁徙而寻找到优越的自然环境。为了获得采集经济的生活资料和良好的小气候，这个聚落环境必然背山面水；为了防御敌人和猛兽的侵袭，环境边缘应有足够的山丘屏障，屏障又要有一定的豁口以保持对外的交通联系和逃逸的方便。这样一种聚落环境也就是一个由天然地貌构成的具有一定闭合度的空间。

考古发掘出来的两处遗址——距今一百万年前位于关中灞河谷地的蓝田猿人化石遗址和距今七十万至二十万年前位于北京周口店的北京猿人化石遗址——已略具此种生存空间的雏形。进入农耕为主的文明社会，姬姓氏族建立的奴隶制周王朝崛起于关中平原的盆地上。

盆地南依秦岭山脉，北临渭河和九嵕山，两侧的黄土高原与周围的山脉构成一个面积很大、闭合度较强的空间形态，通过几条河谷形成豁口，与外部世界特别是华北大平原相联系。这个扩大了的生存空间在功能上足以抗拒其西北面的游牧部落的袭扰，又能与东面的商王朝相抗衡，从而形成居民心理上的一种安全感和庇托感。在这个大盆地内，河流和森林受到保护，良好的自然生态适宜发展农耕文化。姬姓氏族遂以此为根据地，创建了周王朝的基业。

一定闭合度的自然空间所产生的安全感和庇托感有利于封建社会的分散的小农耕作经营，这样的空间也能够适应封建社会的血缘家族的聚落生活要求；久而久之人们便在心理上产生了对这种环境的认同感，并在此基础上再经过长期积淀而建立起共有的空间意识。这样的空间意识原本是出于功利的目的，到魏晋南北朝受到时代美学思潮的影响，又被赋予审美的意义。人们开始从空间的角度来认识大自然之美，把空间美与居住环境的自然景观的选择联系起来。当时的文学作品中多有描述文人士大夫经营别墅、庄园时如何相地卜宅，以求得一个美好的自然空间作为生活环境的地貌基础，如像东晋门阀士族谢灵运家的庄园。也有的作品则提出一种类似的生活环境的理想模式，陶渊明笔下的桃花源便是典型的一例。

谢灵运《山居赋》描写谢家庄园"南居"的自然环境：

南山则夹渠二田，周岭三苑，九泉别涧，五谷异巘。群峰参差出其间，连岫复陆成其坂。众流溉灌以环近，诸堤拥抑以接远。

对"北居"则这样写道：

其居也，左湖右江，往渚还汀，面山背阜，
东徂西倾，抱含吸吐，款跨纡萦，绵联邪亘，侧
直齐平。

显而易见，这些都是从空间的角度来审视基址的自然
景观，进行居住聚落的营构。《山居赋》是两晋山水诗文的
代表作品，文中广泛涉及卜宅相地的各个方面，于勾画出一
幅自给自足的庄园经济图景的同时，也表露了经营者对山环
水抱的自然空间之美的追求和对居住环境之谐和于这个美的
自然空间的良苦用心。

导源于自给自足的小农经济基础的空间意识，也受到
当时流行的道家回归自然、佛家超凡出尘以及隐逸避世思想
的直接影响。那些远离尘世、群山环抱而别有洞天的自然空
间，便成了士人们所憧憬的理想生活环境和精神寄托的审美
境界。东晋文人陶渊明在《桃花源记》一文中构想了一个与
世隔绝的乌托邦，便是这种憧憬和寄托的典型反映：

晋太元中，武陵人捕鱼为业。缘溪行，忘路
之远近。忽逢桃花林，夹岸数百步，中无杂树，
芳草鲜美，落英缤纷，渔人甚异之。复前行，欲
穷其林。

林尽水源，便得一山，山有小口，仿佛若有
光。便舍船，从口入。初极狭，才通人。复行数

十步，豁然开朗。土地平旷，屋舍俨然，有良田
美池桑竹之属。阡陌交通，鸡犬相闻。其中往来
种作，男女衣着，悉如外人。黄发垂髫，并怡然
自乐。

　　见渔人，乃大惊，问所从来。具答之。便要
还家，设酒杀鸡作食。村中闻有此人，咸来问
讯。自云先世避秦时乱，率妻子邑人来此绝境，
不复出焉，遂与外人间隔……

　　无论现实中的卜宅相地或者理想中的世外桃源，从两
晋南北朝开始就已形成一种功利与审美相结合的自然空间模
式以及因此而产生的思想意识——功利与审美相结合的空
间意识。在这种空间意识的主导下，人们抱着亲和大自然和
享受大自然恩赐的愿望来选择自然环境，或者人为地调整自
然环境，使之在功能上适宜于居住，在心理上予人以安全庇
托感，在精神上予人以美感；又与流行于民间的避凶就吉的
迷信和宗教信念相结合，再加以理论上的概括和升华，这便
产生了中国特有的风水学说。魏晋南北朝以后，风水学说在
社会上广泛流布，成为人们选择生前的居处环境（城镇、村
落、住宅）和死后的居处环境（坟墓）时的规划依据。

　　风水学说的核心是"明堂"和"龙、砂、水、穴"的环
境理论。明堂即人们所选择的居处地段，一般为平坦而微带
南北坡势的地段，堂局的大小决定居处范围的规模，而明

堂的范围又取决于风水模式构成的环境要素，尤其是与山的聚结形势密切相关，即所谓"千里来龙，千里绕抱；百里来龙，百里绕抱，乃谓真结"。在明堂内欲取得合理的用地布局，关键首在确定穴的具体位置。穴是明堂的心脏，因此，定穴必须十分准确慎重，要详察地貌特征、堂局形态、土质条件和山形水势四者而综合地加以评价择定。

"龙"即龙山，指穴的后面北面屏障着的群山，它自远而近依次为主山、祖山、入首。

"砂"即砂山，包括穴的两侧（东、西面）稍低的青龙与白虎，以及其外侧的护山，又称"外青龙""外白虎"。

"水"即穴的前面南面的河流和池塘，再前则为较低的案山和朝山。

在河流的去处的左右有两山隔水对峙形成豁口，叫作"水口山"，又叫作"狮""象山"。若是较大的村镇聚落，则水口山又分为内外两处，位于案山以内的叫作"内水口"，位于案山以外的叫作"外水口"。这样一个以穴为中心，由龙、砂、水四面围合的空间，背山面水，负阴抱阳，是一种理想的自然空间模式。如果剔除其迷信的成分就其功能而言，它有利于形成良好的生态环境和良好的局部小气候，适宜于小国寡民的居住生活和小农经济的农业生产，也能够保证居民对内的安全庇托感和对外的交通联系。显而易见，这种典型的风水模式与远古先民们的聚落环境的空间意识有着一脉相承的关系。就其审美意义而言，这个风水模式乃是人们长期探索各种优美自然空间的构景规律，并把它们高度概括和典型化的结果：高大的龙山展开犹如背景屏障；两侧砂山延伸环抱，形成多层次的、主从分明的轮廓；河流作为南向开阔部分的前景，受纳充足的阳光照射；案山作为开阔视野的聚焦点，与龙山遥相呼应成对景；等等。这些均符合于总体的形式美的构图规律，能够满足人们赏心悦目的审美要求。

　　由于传统哲学的潜移默化和社会实践的不断积淀而形成的强烈的空间意识，其外延必然会深刻地影响汉民族的共同的审美心理。因而空间之美历来都受到特别关注，不仅艺术创作如此，山水风景的鉴赏亦然。就名山风景区而言，人们不仅鉴赏其生态景观之美，而且十分重视由峰、岭、沟、谷的穿插围合而构成许许多多自然空间纵横交错的山体地貌所予人的感受。山地的这种三维度的空间感，较之平原地带的风景区显然要强烈得多；由于空间的存在而形成景深、层次、借景、透景、障景、泄景等的情况，也较平原地带的风景区丰富得多。山体所含蕴着的这些丰富多变的、具有美的本质的自然空间便足以游离于生态环境而另成一种景观——空间景观。所以说，汉民族不仅把名山的自然生态环境作为实体来欣赏，同时也十分重视其虚的空间的美学价值，山岳空间之美历来都被当作名山风景的筛选和评价的重要标准之一。因此，几乎所有的被公认为传统名山风景区的都不是孤山一座，都具备多姿多态的山地空间而构成一系列的空间集锦，于美的实体中包含着美的虚体——空间，即所谓"外观神秀，内涵广博"，正如王庭珪《游庐山记》所说：

九江之上，有巨山崛起，名甲天下。目望之，巍然高而大，与他山未有以异也。环视其中，磅礴郁积，岩壁怪伟，琳宫佛屋，钩绵秀绝，愈入愈奇，而不可穷，乃实有以甲天下也。

山地空间尽管变化多端，姿态万千，如果稍加留意则不难发现但凡能吸引人们驻足观赏的，一般都具备几个共同的特点：

一、峰峦环抱或密林围合作为边界，在视觉上形成足够的闭合度，按风水的说法即所谓"藏风聚气"。

二、边界上都有豁口以利对外交通，豁口一般为外敞的坡地，或者沿河谷延伸，或者成两山夹峙的堑道，它可以避免心理上的闭塞感，能保证"气"的通畅。

三、这个空间还必须有足够的景域，包括边界以内的地段以及豁口以外的视觉延伸所及的地段。

四、景域之内往往有一个足以引起人们注意的，能使视线聚集的焦点，如孤峰、山岩、溪流、树木或人工的建筑物。这种情况与风水学说提出的理想化的自然空间模式颇有类似之处，按现代心理学的解释，也就是人们主观意识中的心理场与客观自然界的物理场的叠加重合。

如何从人对空间感受的角度来探索自然景观之美？这在历来的山水文学和山水画论中都有所反映，而比较明确地做理论性概括的则是唐代文学家柳宗元。柳宗元擅长山水诗文，对大自然山水风景之美具有敏锐的洞察力，在他担任地方官期间，曾经参与过多处风景区的开发建设，留下许多山水散文名篇。他在《永州龙兴寺东丘记》一文中这样写道：

> 游之适，大率有二：旷如也，奥如也，如斯而已。其地之凌阻峭，出幽郁，寥廓悠长，则于旷宜；抵丘垤，伏灌莽，迫遽回合，则于奥宜。

所谓"旷如"和"奥如"，乃是把自然山水风景的空间概念加以扩大并在广义理解的基础上提出来的。他认为，山水风景尽管千变万化，概括起来无非两大类：开旷的景观和幽奥的景观。前者为开旷空间所显示的"旷美"，后者为幽奥空间所显示的"奥美"。作为风景区，有的以前者为主，有的以后者为主，但必须两者兼备，方称可游。这种情况，在名山风景区尤为显著。

名山风景区由于其峰峦起伏、深谷大壑的总体地貌结构，蕴含着极为丰富的空间形态，展现了从极幽奥到极开旷的多样性；因此，便能以广义空间的旷奥程度作为标尺，来衡量名山的自然景观。属于幽奥景观的，奥度大，旷度小；属于开旷景观的，旷度大，奥度小。

自然景观的旷奥程度，取决于空间的若干基本构成条件的具体情况：

边界的高低与景域的广窄：同样大小的景域，边界愈高则空间的幽奥感愈强，反之亦然；同样高度的边界，景域愈广则空间的开旷感愈强，反之亦然。这就是说，景域的平均宽度与边界的平均高度的比值是制约山岳空间的旷奥程度的一个重要因素，比值由大到小的变异会呈现为山岳自然景观由奥到旷的转化。

闭合度的强弱：在一般情况下，空间闭合度的强弱，取决于边界上的豁口的大小。但凡以旷景为主的山地空间，其闭合度较弱，视觉的延伸较大，呈外向的、散发的视野，这类景观多见于山腰与山麓部位。若在山峰的极顶，则极目环眺，视野延伸及于无垠的天际，闭合度几近于零。如像泰山的岱顶，著名的四大奇观——旭日东升、晚霞夕照、黄河金带、云海玉盘——均为开阔无垠之景。衡山的祝融峰顶，俯瞰四周田畴平野，湘江萦流如带，其九曲向背尽收眼底。宋代诗人黄庭坚有诗句描写其磅礴气势：

上观碧落星辰近，下视红尘世界遥。

螺簇山低青点点，线拖远水白迢迢。

此类极顶观景可谓旷景的极致，绝对开旷之景了。

以奥景为主的自然景观与前者恰恰相反，空间的闭合度强，视觉的延伸很小，呈内向的、收敛的视野，多见于丛山深谷或山坳地带，青城山与雁荡山的地貌结构即以富于这类景观著称（图3、图4）。雁荡山的灵岩景区，左有天柱峰，

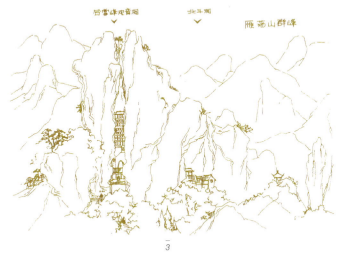

雁荡山合掌峰（《雁荡山群峰图》）

雁荡山合掌峰北斗洞

右有展旗峰，两峰高约百米，近峙如巨门，而三面又环绕着凌云削壁，形同围屏。在这个盆地之底，仰见蓝天一角，是为出色的幽奥之景。如果处在深谷之底，洞穴之中，闭合度极大，视觉延伸几近于零，则是奥景的极致，绝对幽奥之境了。

在某些特殊情况下，观赏者由于"完形"的心理作用而产生一种豁口的幻象，往往会多少改变空间的闭合度，影响人们对空间旷奥程度的感受。譬如，在一个幽奥的空间内，边界峰峦某处的重叠层次所形成的透视景深会引起观赏者联想到对外交通，产生豁口的"完形"效应，仿佛可以突破封闭、拓展空间的外延，从而增加一定程度的开旷感觉。边界以外的层峦叠嶂在某一部位上被"借入"空间之内，此种山外青山的借景也能引起观赏者心理上的豁口"完形"效应，激发往外开拓的意向，移注企望突破封闭的期待感情，因而客体空间的开旷程度便有所增益。如果身处深壑幽谷之底，尽管四围峭壁千仞，但由于谷中的溪流的走向而引起"山重水复疑无路，柳暗花明又一村"的意象联想，便能在一定程度上减弱空间之闭合度。各地名山常见的"一线天"之类的景观，除了它的险奇形象外，也是由于这种豁口完形的心理作用能于幽奥中产生一些开旷的期待感情而引人入胜。

景域地面的坡度：就视觉而言，人所观赏到的任何物体都是呈三维的透视效果。视距愈小，透视效果愈强；视距愈大，则透视效果愈弱，愈接近二维的立面。如果在同样视距的情况下，地面由于坡度的不同也会形成不同的透视效果。

一般说来，地面坡度在十五度以下的缓坡，观赏者的心理上有趋同于平坦地的开旷感觉，如果坡度超过三十度，则心理上会有趋同于立面的幽奥感觉。坡度愈大，立面趋同感也愈大，心理上的幽奥感觉亦随之而增加。所以，景域地面的平坦与否，也能影响空间的旷奥程度。

山坡的朝向：山岳的陡坡地段，由于迎受日光方向的不同而形成阳坡和阴坡。阳坡的景物如树木和岩体等，它们的固有色受到阳光的照射而呈现为鲜明丰富、反差强烈、层次分明的环境色，予人以开旷的感觉。阴坡景物的固有色因得不到阳光的照射，其所呈现的环境色就显得灰暗，反差较弱，层次模糊，予人以较多的幽奥感觉。因而山岳空间的阳坡面较大的，开旷程度也较强；反之，阴坡面较大的，则幽奥程度较强，这是人们游山的共同体会。

此外，空间的外部环境条件的变化，与景观的旷奥程度变化也有一定的关系。譬如，同一个开旷的空间，白昼天朗气清，极大的透明度并不影响空间的开旷程度，但到晨昏之际，云雾缥缈，降低了透明度，幽奥程度增强；迷蒙的雨景，亦多幽奥情趣，待到雨过天晴，又复归于开旷。空间的边界以外，往往还有群山构成背景的衬托。这些山外群山，在白昼阳光明媚时，它与空间边界之间的色彩和明暗度的差别都较大，因而予人的开旷感就会多一些。在阴晦天候或月夜朦胧中，背景群山与边界之间的色彩接近，明暗反差小，予人的开阔感便相对削弱，幽奥感有所增强。如果是全无月光的漆黑夜晚，群山与边界融为一体，影影绰绰，则幽奥之感顿增，甚至让人感到恐怖和抑压。

正因为山地空间的内涵如此之丰富，形象如此之多样复杂，变幻如此之扑朔迷离，也正因为汉民族以独特的空间意识来理解山岳自然景观，从空间的角度来审视山岳之美，所以历代开发的名山风景区无不包含着旷奥兼备而足资赏心悦目的大量山地空间。为了充分揭示名山空间的旷奥之美，人文景观的建置尤其是寺观建筑的基址，非常注意选择合适的空间环境并发挥其焦点的作用。山上的道路布设则力求最大限度地连缀那些优美的自然空间，把名山自然景观的旷奥之美按一定的节奏序列于游动观赏的步移景异之中一一展现在人们的眼前。

第三节
意象景观

中国的传统哲学在对待"言""象""意"的关系上，从来都把"意"置于首要的地位，"象"即"物象"，"意"即"意象"。先哲们很早就已提出"得意忘言""得意忘象"的命题，只要得到意就不必拘守原来用以明象的言和存意的象了。再者，汉民族的思维方式，语言表达多运用比兴，佛禅和道教的文字著作往往立象设教，追求一种"意在言外"的美学趣味；相传佛祖在灵山会上说法，只是拈花微笑，佛经中每每运用比喻来解说深奥的佛理，禅宗以文字传法，几乎全是比喻。这些情况，都影响及于文学艺术，在创作活动中，大量运用比兴的手法，有时候对意象的追求更甚于对物象的描绘，在鉴赏活动中，不仅关注物象本身，还重视捕捉"象外之旨"的意象。其影响也及于山水风景的鉴赏活动，大自然山水风景中的某些特殊的景物或景象往往因其状貌酷似人们习见习闻的另外一些事物而以此喻彼，或者把它们活化或拟人化而赋予性格、品质，甚至加以诗化而构成一个完整的故事情节。也就是说，观赏者把情感融化于可感知的景物或景象，为主观的情感找到一个客观的对应物，使之更富于浪漫色彩，更利于观照玩味。这便是由景物或景象衍生出来的意象景观，它既作为人们的鉴赏对象，又是人们在鉴赏活动中参与创作的成果。

名山风景区山高景深，峰峦迭起，怪石嶙峋，云雾缭绕，古树参天，这些具象因素最能激发人们的移情作用和想象力。由此而衍生出来的众多的意象景观，无论在数量上或质量上都远远胜过平原地带的风景区。所以说，各地的名山乃是意象景观的精华荟萃。它们都经过千百年来群众性的参与创作而约定俗成。

各地名山因不同的地质构造和岩性特征而形成许多奇峰怪石，石景和峰景在名山自然景观中占着大多数，且有很高的观赏价值，借此衍生出来的意象景观也最为普遍，很有神韵。如果赋予其恰当的景题命名，则它们就更具鲜明的个性，更为引人注目。

三清山的一处名为"巨蟒出山"的石景，细长岩石盘曲兀地拔起高达数十米，宛若一条巨蟒昂首跃出地面；"司春女神"的岩体酷似盘腿安坐的少女，透出一派文静的灵秀之气。怪石为黄山的"四绝"之一，因岩石而成的意象景观有近百处之多。

"猴子观海"，一块形如猴子的球状风化岩石蹲踞山峰之顶，仿佛在观看前面的茫茫云海，憨态可掬；每当云开雾散，又好像在俯瞰山下平原的太平县境，故又名"猴子观太平"。

"梦笔生花"是一块下圆上尖的天然独立石柱，形似巨大的毛笔，顶端生长古松一株则宛若笔端生出的花朵。这个景题源出于《开元天宝遗事》，相传李白幼年时梦见自己使用的笔端绽开花朵，后来果然才华横溢成为闻名天下的大诗人。

"喜鹊登梅"是一块酷似喜鹊的风化岩石，从另一个角度观赏则又像两位老人招手为游人指点路径，故又有"仙人指路"之景题。

此外，如：仙桃石、老僧入定、童子拜观音、骆驼石、飞来钟、双鼠跃天都、仙人下棋、丞相观棋、仙人采药、仙人晒靴、十八罗汉朝南海、天女绣花、双猫捕鼠、苏武牧羊、猴子捧桃、天狗望月等等，不胜枚举。

类似这样以怪石而成为意象景观的，几乎在任何一处名山都能看到。其中不少还具有宗教的寓意，以此来突出名山的宗教特色。

道教的极富于浪漫色彩的幻想力及其神游八表的思维方式创造了一个浑宏瑰丽的神仙世界，更是衍生意象景观的有利条件。因此，道教名山的这类奇石景题极为丰富，而且多冠以"仙"字，佛教名山则多半附会为佛、菩萨和罗汉的形貌，普陀山的"二龟听法石"为两块貌似龟形的石头匍匐在山岩前，好像聚精会神聆听观音说法，寓意佛法之无边。

峰景成为意象景观的也很多，诸如——仙人峰、罗汉峰、狮子峰、莲花峰、鳌鱼峰、香炉峰、五老峰、姊妹峰、夫妻峰、天柱峰、仙掌峰、鹰嘴峰等等，不一而足。

庐山的五老峰，形如并坐的五位老者，或似诗人，或似高士，或似渔翁，或似老僧，姿态各异，惟妙惟肖。

雁荡山的夫妻峰，白天观赏酷似一对情深意笃的夫妻，互相依偎又仿佛行将别离，若在夜间月光之下观赏，则又像展翅欲飞的雄鹰。天柱山顶之天柱峰，孤峰巍然拔起，气势犹若擎天之柱，此种"天柱"的意象也常见于其他一些名山的峰景。

华山的苍龙岭，一岭直插霄汉，体青背黑，宛若苍龙腾空遨游。明人袁宏道《苍龙岭》一诗形容其为：

> 瑟瑟秋涛谷底鸣，扶摇风里一毛轻。
> 半生始得惊人事，撒手苍龙岭上行。

这"苍龙岭上行"的意象，更增益了人们对此处景观的极险奇的感受。

辽宁千山的群峰形如朵朵莲花，故名"千朵莲花山"。

安徽九华山原名"九子山"，因李白曾写诗咏之为"天河挂绿水，秀出九芙蓉"，故名"九华山"。莲花即芙蓉，出淤泥而不染，又是佛教的圣花，以此作为佛教名山的比喻，除了形似之外，又多一层寓意的意象美。

江西三清山以三个主峰为太清、上清、玉清的象征，把山体活化为道教的最高圣哲的意象，更强化了此山的宗教意境。

龙虎山的丹霞地貌因其远观似龙和虎而得名，龙与虎为道教的四灵兽之二，也是借助于意象而强化宗教意境的。

河南王屋山之总体态势：天坛峰突起群峰之上，前有华盖峰开道，后有五斗峰为屏，左右分别由日精、月华两峰护卫，巍峨壮观犹如王者之华盖，故名"王屋"。

四川峨眉山，宏观轮廓犹如美女的黛眉。诸如此类，则是利用名山群峰总体的意象来突出其人文的性格特征。

名山多树景，那些在特殊的生态条件下成长为奇特形状的古树名木，往往根据其所在地段位置和干枝姿态而附会为人或动物的形貌和性格，或者比拟为某些日常经见的事物，由形象衍生的意象尤其引人入胜。

奇松为黄山的"四绝"之一，其中的十大名松：迎客松、蒲团松、探海松、麒麟松、凤凰松、黑虎松、连理松、龙爪松、接引松、卧龙松，都有各具特色的生动意象。

迎客松生长在半山文殊院（玉屏楼）前的岩壁上，由于风力的影响，苍虬的枝干向一面斜出，仿佛长者舒臂欢迎远方来客。过往游人于艰辛攀登之后目睹此景则精神为之一振，宾至如归的感觉油然而生。这时候，游人不仅看到松的具象之美，而且领略到长者迎客的意象之美，后者甚至更值得玩味，印象更深刻，正是所谓得意忘"象"了。

云雾之景是名山风景区最常见的生态景观。黄山的云层厚，云块均匀，顶部平坦辽阔，在海拔一千六百米以上居高远眺，一般都能俯瞰其蔚为壮观之景，恰似波涛翻滚、此起彼伏的汪洋大海，故名之曰"云海"，成为黄山风景的"四绝"之一。黄山的云海还按所在位置以山岭为界，区分为五个海域：莲花峰以南的"前海"；光明顶以北的"北海"；白鹅峰以南、东海门以东的"东海"；飞来石、排云亭以西的"西海"；平天矼和莲花峰之间的"天海"。把云幻化为海，足以引起无限遐思，仿佛山与海相连的意象景观——黄山本无海但却有海的意象，这就赋予黄山更多的灵气；似真似幻，则又给予游人以宛若置身仙界的强烈感受。武当山的"七十二峰朝大顶"，借云海之景幻化为君臣朝揖的意象。"大顶"即金顶，为供奉真武大帝的金殿和禁城之所在，这个意象景观既强化了真武大帝的崇高地位，也寓意封建王权的无上至尊。

上述这类由石景、峰景、树景和云景衍生出来的意象景观一般都贴近生活，比较直观，容易领会，雅俗共赏，既能获得文人墨客的青睐，也最为老百姓喜闻乐见。它们所显示的意象生动活泼，亦庄亦谐，为人们的游山活动平添了许多乐趣；同时也强化了人景感应，不同程度地增益了景物或景象的观赏价值。

历来的名山诗中，多有用比拟或隐喻的手法，于描写具体景物的同时，表达了诗人对该景物的意象感受。游人借助于诗的启迪，不仅经由直观而鉴赏该景物的具象之美，还能够借诗句的联想而领略到更为深刻、更富魅力的意象之美。李白描写庐山的开先瀑布为"飞流直下三千尺，疑是银河落九天"，这个脍炙人口的意象甚至已形成人们观赏一切大瀑布时的共识，把常见的自然景物的审美提升到一个更高的境界。云南大理风景名胜区的点苍山，山顶高寒而终年积雪，远远望去好像慈祥的白发老人。大理是历史文化名城，唐代初年曾在这里建立少数民族地方政权 —— 南诏国。南诏国国势逐渐强大，但与唐王朝一直保持着宗主国的友好关系。天宝年间，南诏国王阁逻凤携带全家人进谒姚州（今云南姚安县）太守张虔陀，张态度倨傲，侮辱阁逻凤的妻女并无端诬告南诏谋反。阁逻凤盛怒之下起兵攻占姚州，杀死张虔陀。此事原出于不得已，事后阁逻凤曾向剑南节度使鲜于仲通一再陈述杀死张虔陀的原因。但鲜于仲通置之不理，奉权相杨国忠之命于天宝十年（751）发兵六万南征，结果全军覆没。消息传到长安，杨国忠与李林甫向唐玄宗隐瞒失败的真相，同时又调集十万大军，命侍御史、剑南留后李宓为统帅，于天宝十三年（754）再度南征。事已至此，阁逻凤只得求助吐蕃，联盟抗拒唐军。李宓的远征军一到苍山脚下就遭受南诏和吐蕃联军的攻击，血战十余日，唐军大败，士卒或战死，或被俘，李宓自杀。这就是著名的"天宝之役"，以南诏国获胜而告结束。阁逻凤违心叛唐，虽事出有因，但始终于心有愧，乃下令将阵亡唐将士的遗骸尽数掩埋在点苍山的斜阳峰之麓，封土为冢，名之为"大唐天宝战士冢"，俗称"万人冢"；并在首都太和城之南竖立"南诏德化碑"，碑文回顾了南诏与唐王朝的亲密友好关系，以及不得已而失和乃至兵戎相见的原因，着重表明自己愿意与唐王朝化干戈为玉帛、重修旧好的心迹。纯朴善良的南诏人民不仅精心保护万人冢和南诏德化碑，还在冢旁修建将军庙，内供李宓塑像岁时祭祀。国家的统一、民族的团结毕竟符合于中华各族人民的最高利益，阁逻凤之孙异牟寻继承王位后，多次派遣使者赴长安表明"愿竭诚日新，归款天子"的意向。贞元十年（794），唐王朝派议和特使崔佐时来到大理，与南诏国新王异牟寻会盟于点苍山麓的苍山神祠，终于实现了阁逻凤的遗愿。时隔数百年，明代万历年间云南副总兵官邓子龙于凭吊万人冢和将军庙之后，题诗一首：

　　　　唐将南征以捷闻，谁怜枯骨卧黄昏？
　　　　惟有苍山公道雪，年年披白吊忠魂。

　　这首诗在大理地区广泛流传，点苍山顶终年积雪的具象景观又衍化出"披白吊忠魂"的意象景观，几乎是家喻户晓。笔者在大理上中学的时候，国文老师曾介绍残存的德化碑碑文。此文由南诏国清平官（相当于宰相）郑回撰写，文情并茂，辞诚意切，读来荡气回肠，不仅加深了笔者对家乡曾经发生过的这一段悲剧性的历史的了解，联想及于点苍雪景，更在心中铭刻了一个"披白吊忠魂"的鲜活意象，至今不能忘怀。

由神话、传说、逸事的附会而创为意象景观的情况也常见于各地名山风景区。名山的历史愈悠久，人文积淀愈深厚，这类景观也愈多。它们有世俗性的，但大多数为宗教性的。佛教和道教往往借助于这类景观来渲染名山的宗教气氛，突出名山的宗教特色。

南岳衡山在唐宋时为佛教南宗禅的本山。掷钵峰下有一块巨石上刻"祖源"二字，这里流传着一个禅宗的南北之争的故事。唐代北宗禅的高僧道一来到峰下结草庵居住，每天在庵前的这块巨石上坐禅。南宗的修持讲究顿悟而不以坐禅为然，南宗高僧怀让为了点化道一使之皈依南宗，每天当道一坐禅时就在他面前磨砖头，道一被搅得心烦意乱，便问怀让："你磨这砖头做什么？"怀让说："磨作镜。"道一好生奇怪，便又问："磨砖岂能成镜？"怀让严肃地回答："磨砖既不能成镜，坐禅焉能成佛？"道一听了，顿感觉悟，便决心师事怀让，又经怀让多次指点迷津终于皈依南宗。这块巨石所在之处后人名之为"磨镜台"，成为南岳衡山的一景。

"祖源"二字既点出传说中的一段富于哲理性的佳话，也相应地渲染出一个优美的宗教意境。

虎溪是庐山东林寺山门前的一条小溪，溪上架石桥。东晋时，高僧慧远在此寺专心修行而深居简出。宾客来访，慧远每次送客都以小溪为界，绝不越过溪上的石桥，即使达官贵人也不例外。相传有一次诗人陶渊明和道士陆修静来访，送别时一路谈得十分投契，不知不觉间走上了石桥，后山的老虎突然吼叫起来，三人恍然大悟，相视而笑。（实际上，陆修静到庐山时，慧远已死去三十余年，陶渊明已死去二十余年，三人在庐山相会的故事显然是无中生有的。）后人为了纪念三位名人的深厚友谊而命名小溪为虎溪，并在石桥头建三笑亭。虎溪遂因"虎溪三笑"的逸闻传说而着上一层浪漫色彩，由具体的景象传达给游人一种戏剧性的意象之美。

武夷山的玉女峰亭亭玉立在九曲溪的第二曲之滨。玉女本是道教女神的泛称，武夷山的玉女最初名皇太姥，相传常居此山，后来演变成为玉帝之女。玉女因私奔凡界与武夷大王谈情说爱，被玉帝贬谪而双双点化成石，这便是玉女峰和遥相对峙的大王峰之由来。玉帝为了阻挠玉女与大王相会而在两峰之间另立一峰名铁板峰，二人只好借镜中之影见面，此镜就是峰下的巨石妆镜台。雨后的玉女峰冰莹玉洁如出浴的美女，故而人们又将附近的松香潭改名为浴香潭。经过千百年来不断地美化，至晚在宋代已完成了这个动人情节的神话附会和环境渲染。玉女峰及其周围的优美的自然景观遂衍生出一个富于浪漫色彩和戏剧情节的意象，象征天宫玉女向往人间，宁愿化作山石也要对爱情矢志忠贞的感人故事。

华山的中峰又名玉女峰，此峰得名于有关另一位玉女的古老而浪漫的传说。春秋时，秦穆公的女儿弄玉自幼聪慧过人，深通音律，尤其善于吹笙。到了及笄之年，穆公欲为之择婿，但一直找不到合适的人选。某天夜里，弄玉梦见一位翩翩少年自称太华山之主，奉玉帝之命来与弄玉成亲并约定中秋之日相见。第二天，弄玉把梦中之事告诉父亲。穆公当即派人到华山寻访，于明星崖下见一少年玉貌丹唇、仙风道骨，果如弄玉梦中所见者。此人名萧史，拜见穆公时取出玉箫一支连吹三曲。吹第一曲，清风习习；吹第二曲，彩云回还；吹第三曲时百鸟合鸣，经时方散。弄玉与萧史遂一见钟情，当即成婚。一天晚上，两人在月下吹奏箫笙时有紫凤和赤龙来迎。于是萧史乘赤龙，弄玉跨紫凤，双双腾空而去。穆公派人到华山再度寻访，一无所获，便在明星崖下建祠祭祀，名玉女祠。清人王廷章《列代仙史》对此有一段记述：

> 明星玉女者，居华山，服玉浆，白日升天。山顶石龟，广数亩，高三仞，其侧有梯磴，远近皆见。玉女祠前有一石臼，号曰玉女洗头盆。其中水色碧绿澄澈，雨不加溢，旱不减耗，祠内有石马一匹。

石龟和玉女洗头盆均为球状风化的花岗岩石，另有一块平整的石台则附会为玉女梳妆台。附近还有弄玉居住过的玉女室，萧史吹箫引凤的品箫台、引凤亭，等等。天然石景的意象景观与人工建置的人文景观相结合，构成了一个完整神话故事情节的载体。

华山西峰上的圣母宫，供奉三圣母，其西侧有一块条形巨石横陈，长约三米，断为三截，酷似斧劈痕。相传仙女三圣母私自下凡与刘彦昌结为夫妇，生下一子名叫沉香。三圣母因此而触犯天律，被二郎神施法力压在西峰之下。沉香长大后经名师指点练就一身武艺，用神斧劈开西峰，救出其母，夫妻母子得以团圆。这就是家喻户晓的"劈山救母"的神话传说，附会于这块条形巨石而创为"斧劈石"的意象景观。

这类有情节性和戏剧性的意象景观，题材广泛而饶有兴味，也更富于浪漫色彩，可以说是人对大自然造物所做出的精神改造的极致。人们睹物思情，浮想联翩，在脑海里勾画出一个完整的故事，把对自然景观的鉴赏情趣升华到一个更为绚丽多彩的意象境界。

这些故事有的纯属神话性质，有的是文人名流的逸闻，有的出于对文人名流高僧名道的景仰，有的出于宣扬宗教或伦理道德的目的，有的是对某些崇高品德和情操的赞颂，有的则寄寓人们的憧憬和理想，等等，在封建时代都能起到导化民俗的社会作用。它们丰富了名山的文化内涵，构成名山的山岳文化的一个组成部分。其中的一些还借助于名山的知名度而流传于社会，甚至经由文人的加工而再创作为小说、戏剧、诗歌等的艺术作品。如果把各地名山的这类意象景观的故事收集起来，足以编纂一部专门的巨著，为神话学、社会学、民俗学提供丰富的研究资料。

自然景观以其生态美、空间美、意象美的复合而予人以直观的感受——鉴赏中的科学性与浪漫性相结合、山岳实体与山岳空间相结合的感受，这便是"赏心悦目"的审美愉悦，也是任何人都能够领略到的审美愉悦，或者说，是山水审美活动的基本层次。

中国的封建时代的知识分子，读万卷书，行万里路。他们钟情于大自然山水风景，却又经常处于出世与入世的困惑之中，因此而产生情绪上的抑郁和心理上的失衡。抑郁的情绪需要缓解，失衡的心理需要平衡；在传统的以自然美为核心的美学思想的主导之下，便会更自觉地接受山水风景的陶冶，执着地追求以泉石养心，以山水怡性。移情作用深化了，审美愉悦相应地更能充实其内涵，审美活动得以从基本层次升华到一个更高的境界：不仅赏心悦目，而且畅情抒怀。

知识分子阶层中的高情远志者，往往把人生哲理寄托于山水风景的领悟之中并借此而抒发情怀，如苏东坡的《题西林壁》诗：

横看成岭侧成峰，远近高低各不同。

不识庐山真面目，只缘身在此山中。

或者把人生的终极归宿与山水风景的永恒联系起来，把那些剪不断、理还乱的悲喜忧乐统统宣泄于大自然的山川草木、清风明月。

苏东坡的《前赤壁赋》在描述他与友人游览江上赤壁美景，于感悟之后，以问答方式抒发自己的情怀：

客曰："……哀吾生之须臾，羡长江之无穷。挟飞仙以遨游，抱明月而长终。知不可乎骤得，托遗响于悲风。"

苏子曰："……天地之间，物各有主。苟非吾之所有，虽一毫而莫取。惟江上之清风，与山间之明月，耳得之而为声，目遇之而成色，取之无禁，用之不竭，是造物者之无尽藏也，而吾与子之所共适。"

而那些对国家、社会怀着强烈的使命感的有抱负者，他们面对名山大川，于领悟大自然之美的同时，又往往视通万里，俯仰宇宙，借此景而浮想联翩，谈古论今，寄托自己的理想和憧憬，往往表现为波澜壮阔的激情。范仲淹的名篇《岳阳楼记》，在描述了洞庭湖"衔远山，吞长江，浩浩汤汤，横无际涯，朝晖夕阴，气象万千"的景观变化之后，联系自己的身世，感慨于古仁人之心之"不以物喜，不以己悲"，借景而抒发这样的情怀："居庙堂之高，则忧其民。处江湖之远，则忧其君。是进亦忧，退亦忧，然则何时而乐耶？其必曰：'先天下之忧而忧，后天下之乐而乐'乎。"诸如此类在历来的山水诗文中多得不胜枚举。

华夏大地上，包括名山风景区在内的难以计数的优美自然景观，为这种"赏心悦目，畅情抒怀"的风景鉴赏提供了观之不尽的对象。这是一种高品位的风景鉴赏，它反馈于人们的思想意识而成为历来的山水文学乃至一切山水艺术发展的一股重要的推动力量，也形成了知识分子的传统的山水情结。其在社会上的广泛影响和历史上的长期积淀，又造就了汉民族在山水审美方面的共识——山水审美的民族特点。

附
日本古典园林
*

日本文化属于亚洲的三大文化圈之一的"汉文化圈"，其基本特征是使用汉字作为书面表达方式，凭借这个理想的信息通道，在千余年的漫长时间内保证了汉文化源源不断地传入。汉文化对日本文化的影响极其深远，这是历史的事实，但不能因此而把后者作为前者的一个分支来看待。近年来，一些研究日本的学者认为，日本文化的主要特点之一在于其具有极强的"复合变异性"，善于吸收先进文化作为养分并逐渐把它复合于本土文化之中，从而引起变异，形成新的文化形态。复合变异性乃是一个文化的自我更新的生命力，缺少它，文化的发展必然缓慢、呆滞，反之则迅速、活跃。这一特点的成因当然很多，诸如日本民族的素质、社会结构、历史背景等等，而作为岛国紧邻着一衣带水之隔的中

*　本文于1986年4月完稿；原载《建筑史论文集》第十辑，清华大学出版社1988年。

国这个特殊的地理条件则应该说是一个重要的成因。正由于这样的地理条件，日本自公元5世纪脱离原始时期步入文明社会直到17世纪的漫长岁月的各个历史阶段上，都曾经以中国的灿烂汉文化作为汲取养分的渊源，在与本土文化的多次复合与变异的过程中逐渐形成了具有鲜明民族特色的日本文化。古典园林作为日本文化的一个组成部分，它的产生、发展、成熟并最终成为世界范围内的一个独特的园林体系，大体上也是经历了同样的复合与变异过程的。

日本国土由本州、九州、四国、北海道四个大岛以及几百个小岛组成，岛国没有像中国那样一望无际的大平原，也较少险峻的高山。岛上丘陵起伏，气候湿润，植被丰富，漫长的海岸线曲折蜿蜒，沿岸多为富饶的带状平原。因此，海岛景观和丘陵景观就成为日本自然风致的主要内容，也是日本园林造景的渊源。

大自然哺育着人民，优美的自然风景在日本人民心目中占有特殊的地位，原始的神道教认为任何自然物都有各自的神灵栖息，都具有灵气，都应该是人们崇拜的对象，对山和石尤其如此。最高的富士山被奉为圣山，甚至类似富士山形象的圆锥形体亦在崇拜之列。海岸边的礁石千姿百态，人们设想石头当然会具有更多的性灵，像人一样，甚至有男性和女性之分，至今在日本乡间仍能看到把两块石头系以红绳令其"结婚"的习俗。这也就是日本造园之所以特别重视石景的主要原因。

海岛与丘陵景观以及对石的崇拜是日本园林产生的内在基因，在它作为风景式园林而刚刚萌芽的时候即受到中国园林艺术的浸润。尔后，在各个历史阶段上出现的重要园林类型，从早期的"池泉庭园"，稍后的"枯山水"和"茶庭"，再后的"回游庭园"，可以说都是中日两个园林艺术多次复合与变异的结果。这些园林类型的主流连同其多种变体的涓涓细流而汇为巨浸，逐渐形成日本古典园林的体系。这个园林体系在世界园林史上独树一帜，其渗透于人民生活的深广程度在世界上也是罕见的。

中日两国共同使用汉字，某些词汇在日语中的含义和汉语并不完全一样。"庭园"一词在日语中相当于汉语的"园林"，本文提到庭园的地方凡与日本有关的均沿用日语的含义，而非仅指由建筑围合成的、点缀以水石花木的封闭的庭院空间而言，读者务请留意。

池泉庭园

本州的濑户内海沿岸是日本文明的摇篮。这里，北面有较高的山岭挡住西伯利亚寒流，南面穿错的岛屿屏障了强劲的台风侵袭，西面距朝鲜半岛最近，很早就从朝鲜输入中国的高级文化。优越的地理位置再加上温和滋润的海洋性气候和沿海平地的河川灌溉之利，濑户内海沿岸遂成为日本开发最早的地区——关西地区，许多著名的古城如奈良、京都、大阪等都坐落在这里。

公元5世纪，居住在濑户内海的大和部落统一全国，结束了日本诸多部落割据的分裂状态。大和的皇室和贵族奴隶主的势力逐渐向其他地方扩张，形成以天皇、大贵族为中心的奴隶制国家，史称"飞鸟时期"。

公元6世纪中叶，中国的汉地佛教经朝鲜半岛的百济国传入日本，逐渐取代原始神道教而成为其统治者利用的宗教。就在这时候，中国的造园术也随之而传入。据史载，从百济渡海漂流过来的路子工曾在皇居的南庭堆筑须弥山，建造吴桥，前者是摹拟佛经中的圣山，后者即中国式样的桥梁。日本的古史书《日本书纪》在记述推古天皇三十四年（626）大贵族苏我马子病逝的情况时曾提到他的宅园：

> 大臣薨，仍葬于桃源墓。大臣则稻见宿祢之子也。性有武略，亦有弁才，以恭敬三宝。家于飞鸟河之旁，乃庭中开小池，仍兴小岛于池中，故时人曰岛大臣。

苏我马子因拥有宅园的岛池而被称为"岛大臣"，足见以岛池作为宅园在当时尚属少见的新鲜事物。这就是日本古代文献中最早记载的摹拟海岛景观的园林。此后，皇室的宫廷和贵族的邸宅中陆续出现凿池、筑岛、栽培植物、饲养禽兽的园林形态，已显示中国风景式园林影响的迹象。

飞鸟时期的此种简单的园林即池泉庭园的雏形。1973年在奈良明日香村的小垦田宫遗址发掘出一处不规则的圆形水池，东西径二点八米，南北径二点四米，深约半米，驳岸用飞鸟河出产的花岗岩石堆筑，池中碎石夯实之处似为小岛的基础，池的西南一旁水沟蜿蜒如带。这个园林的岛、池遗迹，可以作为《日本书纪》所描写的苏我马子宅园的实物印证。

飞鸟末期的"大化改新"推翻了奴隶主大贵族的统治，正式确立以天皇为首的封建制度。公元710年奠都平城京（奈良），是为奈良时期（710—784）的开始。

奈良时期，日本全面吸收中国盛唐的封建文化，先后派遣遣唐使十九次，其中十三次到达中国。政府制定了仿效唐朝的典章、律令、制度，首都平城京的建设完全按照唐长安城的规划格局。大量的中国典籍、绘画、书法、雕刻、工艺品以及佛寺建筑术传入日本，上流社会以能否读汉文书籍、写汉体诗文为文化高下的标准。这时候，隋唐成熟的园林艺术亦相应地移植到了日本，平城京的许多宫苑如南苑宫、西池宫、松林苑等大抵都以唐长安的皇家园林为蓝本。1968年在宫城的东北隅、皇太子居住的东院遗址上发掘出一处园林遗构，包括不规则形状的水池、池中的洲岛、岸边的石矶、因借地势微差而做成的水濑跌落、池南侧的建筑物基础等。值得注意的是一条长而迂曲的水道蜿流于平坦地段上，这就是《续日本书纪》中经常提到的皇室举行曲水宴的地方。曲水宴源出于中国东晋文人兰亭集会的曲水流觞，中国文人的

1

平城京宅园之水池

这种郊野游乐活动传到日本后成为流行于宫廷和贵族中的时髦风习，一直保持了好几百年。

平城京的私家园林也不少，居住在坊里的贵族官僚们仿效唐长安宅园——山池院的形式兴建自己的邸宅园林。1975年在奈良市的三条二坊六坪地发掘出一座此类宅园的完整遗址，遗址地段长五十五米，宽十五米，南半部为一湾曲折的带状水池（图1），有导水口和闸门自园外引入活水，池面最宽处五米、最窄处一点五米，深约零点二米，池岸置石成石矶（图2），池中聚石为洲、岛。北半部建置厅堂，从厅堂檐廊的平台上可以隔池眺望城外远山的借景。这个曲折的水池活水长流，显然是便于园主人举行曲水宴的。平城京郊外风景优美地段的别业亦多见诸史载，《怀风

平城京宅园水池之石矶

《藻》的诗文中即有此种别业的"得朝野趣""欲知闲居趣"的描写。

　　如上所述，奈良园林一般都以水池为中心。水池有源有流，池中有岛屿洲渚，间亦有平濑之跌落，显示川景、海景、石组的形象之类。水池的一面为厅堂，其余三面种植花木。园林的规模不大，水池多为观赏和曲水宴之用，不能泛舟。这就是早期池泉庭园的典型样式，也是日本最早出现的一种园林类型。《万叶集》中有二十三首诗歌提到此类园林，而且着重描写其花草树木之美姿，足见当时造园对观赏植物之重视，开日本园林的植物造景的先河。

　　奈良末期，佛教因统治阶级的扶持，民间的信仰势力逐渐膨胀，平城京的寺院数量激增，构成对皇室的政治威胁。

天皇为了避开寺院的这种直接威胁，于公元794年把首都迁至奈良西南的平安京（京都），此后的四百余年间，史称"平安时期"（794—1192）。这时候，唐代文化和汉地佛教文化的影响仍然是主流，但政府已停派遣唐使，逐渐摆脱直接的摹仿而转入融解、复合、变异、发展民族文化的阶段。文学方面，用假名写作已很普遍，如像描写贵族生活的《源氏物语》文笔优美，充分发挥了日本语言的特色因而被公认为世界名著之一。美术方面，佛教画之外出现了以描写日本山水人物、风俗民情为主题的画派——大和绘，以别于摹仿中国的画派——唐绘。建筑方面，寺院、宫廷仍以来自中国的"唐样"为主，但皇室居住的寝宫和贵族的邸宅已普遍采用更富于日本风格的寝殿造建筑了。寝殿造是由若干建筑物组合而成的建筑群，寝殿居中作为主人日常起坐、宴乐、会宾的地方，两侧以廊子连接居住和杂务用房。它把中国殿堂建筑之典丽严谨与日本民居的亲切灵活融于一体，乃是平安建筑的一大成就。早期的寝殿造建筑尚保留着明显中轴线对称格局的中国影响，后期逐渐摆脱这种格局而趋于更自由的布置，反映了日本化的特色。这种建筑已无实物留存，但从当时的一些绘画作品如绘卷、山水屏风、障子绘中仍能看到它的总体形象和局部细节。（图3）

新的都城平安京的北、东、西三面群山环抱，南面是一片平川逶迤延展直抵大阪海湾，两条河流——桂川和贺茂川——自北流南穿城而过。这个城市的选址乃是根据中

《年中行事绘卷·朝觐行幸》所描绘的寝殿造建筑

国的堪舆学说，具有"龙盘虎踞"之势的上好风水的宏观地貌，在功能上则"藏风聚气"保证城市的良好的小气候和朝向。山间林木翁郁，涵养丰富的地下水源。城内多泉水，近郊的山坡和山麓风景佳丽，盛产上好石料。一年四季寒暑分明，气温润湿，多藓苔，适宜于花木生长。这些都为兴造园林提供了优越的自然条件，因此，平安京在当时乃至此后的很长历史时期内，不仅是日本的政治文化中心，也成为日本古典园林的精华荟萃之区。城内外散布着众多的御苑、离宫、宅园、山庄、别业和寺院园林，还有以苔藓植物之美而著称的独特的苔园。

平安园林在奈良池泉庭园传统的基础上有所发展，同时又受到中国道家神仙思想的影响和中国汉地佛教净土宗的启迪而形成平安风格。

道家神仙思想在中国园林中的具体表现即摹拟传说中神仙所居的东海及海上三仙山——蓬莱、方丈、瀛洲，也就是汉代始创而为历代宫苑沿袭的所谓"一池三山"的模式。这种模式在中国只限于皇家园林，传入日本后不仅皇家宫苑普遍采用，且盛行于私家的宅园和别墅。这自然由于两国的政治、社会、意识形态各异的多方面原因。若仅就园林造景而言，中国园林发达的地区多在内陆，理水亦多以摹拟内陆湖河为主；而日本是岛国，这种海上仙山的象征更能吻合于常见的海岛景观，况且日本诸岛正是中国传说中的神仙境界之一。所以，神仙思想对于日本造园的影响反比中国更为广泛得多，当属理之必然。三岛之外，另有龟岛和鹤岛，龟与鹤均为道家奉为长寿吉祥之物，在平安时期乃至以后的池泉庭园中，象征龟、鹤、蓬莱、方丈、瀛洲的岛屿几乎随处可见。

平安时期是日本历史上皇室封建集权的极盛时期，皇家园林比之上代，规模更大，内容更多，园居活动也更为频繁。建置在平安京宫城的神泉苑、朱雀院、淳和院以及建在郊外的嵯峨院都是当时最著名的御苑。

神泉苑大约兴建于8世纪末、9世纪初。主体建筑物为唐样的二层楼阁——乾临阁，两侧翼以曲尺形游廊，游廊端部临水池分别为二水阁形成环抱之势。水池南北长约一百五十米，东西宽约百米，池中央为直径五十米的中岛，象征蓬莱岛，岛上建音乐演奏厅乐屋。池的东北方有泉眼，名神泉，涌出细流涓涓注入池中。苑内种植奇花异树，放养各种禽鸟。神泉苑是平安朝皇室的豪华铺张的游园活动的主要场所，据史书记载，天皇每年都要在这里举行盛大的菊花宴、诗文会。平时则经常有舞蹈、相扑的表演，池上泛龙身鹢首之舟，中岛作丝竹管弦之乐。关于朱雀院，《源氏物语》有一段文字记述天皇经常夜幸此园泛舟游池并在中岛上燃放篝火灯的情况。此园也作为皇室和贵族子弟举行考试的地方，每届考期"学生皆乘舟，行中岛作诗"，所谓"放岛试事"，传为一时之美谈。嵯峨天皇的离宫嵯峨院，则以其大池、中岛和池旁的瀑布石组之胜景而名重京华。《扶桑略记》描述当时的另一座离宫鸟羽庄后苑：

> 池广南北八町，东西六町，水深八尺有余，殆近九重之渊。或模于苍海作岛，或写于蓬山叠岩。泛船飞帆，烟浪渺渺。飘棹下碇，池水湛湛。风流之美，不可胜计。

从上述的情况，足见平安时期的皇家园林不仅供游赏之用，也是多种娱乐、饮宴活动的中心。它从一个侧面反映了当时宫廷生活的奢华，也标志着池泉庭园已发展到成熟阶段，达到更高的水平。但更足以代表平安园林风格的，则是由池泉庭园衍生出来的寝殿造庭园和净土庭园。

寝殿造庭园与净土庭园

封建集权鼎盛时期的平安朝，天皇掌握着绝对的君权，皇室拥有丰厚的财富，皇家园林规模宏大，踵事增华。相对说来，私家园林由于封建礼法和财富方面的限制，规模必然要小些，内容也比较简单。于是，把池泉庭园加以压缩并与寝殿造建筑相结合而衍化成的寝殿造庭园便应运而兴。从当时的一些绘画中能够看到它的片段形象（图3），平安望族藤原氏的邸宅东三条殿复原图提供了此种园林的典型样式。（图4、图5）

寝殿造庭园由建筑、露地、池岛三部分组成。寝殿建筑群坐北朝南，寝殿居中，其前出平座檐廊，两侧以回廊联系，其他建筑物呈环抱式的不对称布局。回廊的尽端建临池的水榭 —— 钓殿，廊间设门作为园林的出入口。建筑群之前为水池，池中三岛鼎列则是"一池三山"的模式。最大的中岛架拱形木桥接岸，桥上朱漆勾片栏杆；其余二岛架设较小的平桥，一湾活水水道从寝殿后面穿过，再沿东侧回廊弯弯曲曲地引入池中。水池与寝殿建筑之间的一片平地叫作露地，地上满铺白沙；花木种植在露地的边缘以外、环池的岸边和岛上。池中可泛舟，水道可设曲水宴。

这种园林的布局具有建筑—露地—池岛的固定序列，而以露地为中心，水道居左侧，既体现了传自中国的堪舆学说阳宅布局的"前朱雀，后玄武，左青龙，右白虎"的原

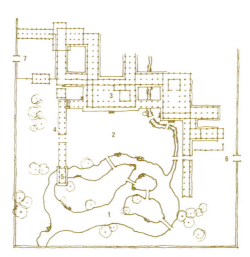

1. 水池　　3. 寝殿　　5. 钓殿　　7. 西大门
2. 露地　　4. 西透廊　6. 东大门

$\dfrac{4}{}$

东三条殿寝殿造庭园平面复原图

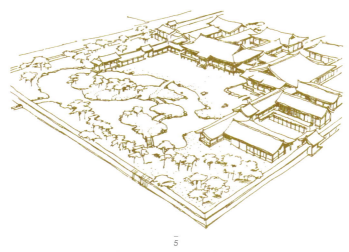

$\dfrac{5}{}$

东三条殿寝殿造庭园外观复原图

则，也保留着日本原始神道教影响的痕迹。原始神道教的巫师经常在森林中开辟一块干净的方形地段，上铺素色卵石，周围绕以藩篱，作为召唤神灵的坛地。寝殿造庭园的露地多少保持着坛地的功能和形式，也是园林里面的一块神圣的地方，比较严肃的仪典活动都在露地上举行。据当时文献的记载，寝殿造园林几乎成了私家造园的唯一形式，就连皇家的宫苑也多有采用的。有关于这种园林形式的相地、规划、设计方面的意匠和技法，均载入成书于13世纪初叶的一部造园专著《作庭记》里。

如果说，寝殿造园林是平安时期的世俗园林的主流，那么，净土园林则是日本寺院园林之具有佛教宗教特色的开始。

佛教从印度传入中国成为汉地佛教，到隋、唐时臻于极盛并出现不同的宗派。其中之一的净土宗依据《无量寿经》提倡观佛、念佛以求往生西方净土为宗旨。净土宗的创始者是东晋的慧远，唐代的导善则广为弘扬。修学此宗不一定要通晓佛经、精研教乘，只需信念俱足、始终不怠地称念"南无阿弥陀佛"，死后便可往生净土。由于修行简便，在中国一直是流传比较广的一个宗派。所谓"净土"，乃是佛教徒想象中的西方天上以阿弥陀佛为中心的极乐世界，故又叫作"西方极乐世界"。关于这个世界的具体情况，《阿弥陀经》中有一段文字描写：

彼土何故名为极乐，其国众生，无有众苦，

但受诸乐，故名极乐。又舍利弗，极乐国土，七
重栏楯，七重罗网，七重行树，皆是四宝周匝围
绕，是故彼国名曰极乐。又舍利弗，极乐国土，
有七宝池、八功德水充满其中，池底纯以金沙
布地，四边阶道，金、银、琉璃、颇梨合成。上
有楼阁，亦以金、银、琉璃、颇梨、车碟、赤
珠、马瑙而严饰之。池中莲花大如车轮，青色青
光，黄色黄光，赤色赤光，白色白光，微妙香
洁。……昼夜六时，天雨曼陀罗华。

　　这就是"净土"的形象。9世纪，日僧圆仁来华学习净
土法门。其后，日僧法然根据导善《观无量寿经疏》确立净
土教义，从而开创日本的净土宗，在宫廷和民间广泛流布，
压倒其他各宗而成为当时势力最大的一个宗派。净土宗的佛
寺把殿堂建筑与园林结合起来以表现"净土"的形象，利用
造园艺术的手段把西天极乐世界具体地复现于人间。于是，
寺院开始园林化，殿堂与园林融为一体而逐渐形成一种具有
宗教意境的园林 —— 净土庭园。

　　早期的净土庭园，可举京都东南面的佛寺 —— 平等
院为例。这座净土宗佛寺建成于1053年。正殿为唐样的楼
阁阿弥陀堂，两侧回廊翼然犹如凤凰展翅，又名"凤凰堂"
（图6），它建置在水池中央的中岛上，象征西天的七宝楼
阁。据当时文献的记载，水池比现在的宽阔得多，池中遍植

平等院凤凰堂

莲花，架设七宝做成的接引桥，环池树林的枝上悬挂丝织的鸟巢，岛上孔雀开屏、鹦鹉学舌，完全是一派《阿弥陀经》所描绘的西天宝池的景色。不过，凤凰堂由于后期扩建，水池亦迭经改造，如今所看到的已非原貌了。后期的寺院净土庭园受到世俗的寝殿造庭园的影响，象征七宝楼阁的正殿已从中岛移至水池的北岸，并仿效寝殿造建筑的布置突出两翼回廊环抱的形式，在回廊的端部分别建置钟楼和藏经楼。水池本身则更多地强调天然海景的意趣，但仍保留着接引桥的宗教色彩。1117年建成的平泉的毛越寺即是典型的一例。（图7）以后则更趋于简化，如平泉的观自在王院、白水的阿弥陀堂（图8）、奈良的净琉璃寺，甚至正殿两翼的回廊都取消了，园林的宗教意味所剩无几。而另一方面，贵族、官僚们为了攀附寺院的宗教势力，以便生前保住他们的社会地位，

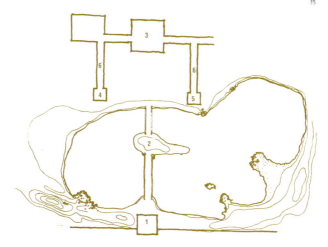

1. 南大门　　　3. 大殿　　　5. 钟楼
2. 中岛　　　　4. 藏经楼　　6. 廊

$\frac{—}{7}$

毛越寺平面复原图

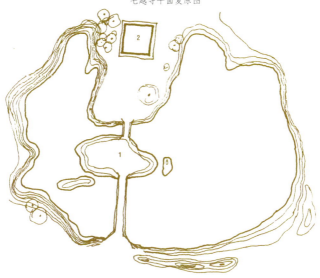

1. 中岛　　　　2. 阿弥陀堂

$\frac{—}{8}$

阿弥陀堂平面复原图

死后往生西方净土，寝殿造庭园的池、岛布置也极力摹仿净土庭园的格局，于是，园林的宗教意境也普及于世俗，出现净土庭园与寝殿造庭园合流的现象。

纵观平安时期园林发展的情况，有两个倾向值得注意：

第一，民族化的倾向：华丽纤巧的平安宫苑以盛唐的皇家园林作为蓝本，也适应于当时中央集权的皇家摹仿盛唐豪华宫廷生活的诗酒宴游的功能需要。与此同时，在民间出现的寝殿造庭园却不同于宫苑，而以其较为朴实洗练的风格显示日本的民族特色。寝殿造庭园之普及于民间甚至影响到宫廷这一事实，亦足以说明日本的园林艺术经过长期吸收中国养分而复合、变异，朝着民族化的方向上进行开拓的重要实践。

第二，宗教化的倾向：在中国古代，儒家思想始终占着意识形态的主导地位。儒家重现实、重人伦，讲究修齐治平之道，力求最大限度地实现自我完善，不必去追求来生的彼岸世界。外来的佛教欲求其发展必得在一定程度上与儒学相结合。中国历代王朝亦尊儒家为正宗，并以儒、道、佛互补互渗。群众的宗教信仰平和而无偏执的激情。佛寺不仅是进行宗教活动的地方，往往还兼作群众性的文化娱乐、观赏游憩的场所。因此，佛寺的建筑与宫殿住宅就无需有根本的差异。寺院建筑日趋世俗化，也像宫廷、住宅一样建置园林。再加之魏晋以来对自然美的鉴赏已成了各个艺术门类的主要内容和传统美学思潮的核心，寺院的园林亦必然会讲究现实自然美的赏心悦目和现实生活的诗情画意更胜于表现佛家未来的彼岸世界。

寺院园林虽是中国园林体系的一大类型，但除极个别的特例之外，与私家园林几乎没有什么区别。在日本，情况就大不一样。汉地佛教传入日本之后形成强大的思想力量和社会力量，它的影响波及几乎所有的艺术门类，园林艺术当然也不例外。净土园林之表现西方彼岸世界的形象是其端倪，到后来佛教禅宗传入则甚至以禅宗的哲理形成造园思想的主导。所以说，日本寺院园林之具有浓厚的宗教色彩，乃至于促成世俗园林一定程度的宗教化，这个情况不仅全然不同于中国园林，在世界园林发展史上恐怕也是独一无二的。

枯山水——书院造庭园

平安时期，公卿贵族在中央政府中的地位日益重要，权势日渐显赫，他们在全国各地拥有领地庄园和武装护卫——武士。部分失势的中央贵族的子孙，回到地方后形成武士化的地主。地方上的土豪勾结中央贵族领地内的小地主而建立武装。这三种人逐渐结合，构成一个新的武士阶层——武家。武家和下层武士之间又结成封建的主臣关系。当皇室、贵族、寺院、地方豪强之间彼此争权夺利时，都要依靠武力来打击对方保护自己，新兴的武士阶层即适应统治阶级的此种需要而形成许多特殊的集团，取得重要的社会地位。平安末期，武士阶层中以宗室出身的地方豪族源氏和平氏为中心聚合成关东和关西两大集团，各自拥有大量的庄园和武士。1185年，关东武士集团的首领源赖朝灭平氏，夺取政权并在关东的镰仓东京附近建立幕府，自任将军，开始了幕府专政的武家政治时期。从这时起直到德川幕府灭亡的将近七百年间，幕府的将军成为日本的实际统治者。天皇大权旁落，表面上受到尊敬实则形同傀儡。皇家的财政收入也少得可怜。幕府派亲信长驻京都，监视着天皇的一举一动。而武士则效忠于将军，享受种种特权，成为幕府政权的支柱。

源赖朝在镰仓建立幕府，史称"镰仓时期"（1192—1333）。1336年，将军足利尊氏在京都室町建立武家政权，开启"室町时期"（1336—1573）。其后，织田信长和丰臣秀吉执政，史称"桃山时期"（约1573—1603）。1603年，将军德川氏执政，把幕府迁到江户（东京），史称"江户时期"（1603—1868）。

镰仓时期，汉地佛教的禅宗传入日本，形成了自奈良时期以来中国文化对日本的更强烈、更广泛的冲击波。

禅宗是汉地佛教的一个宗派，以达摩为开山祖师，但真正确立禅宗教义的则是唐代的六祖慧能。汉地佛教发展到唐代，寺院的地主经济已很发达，上层僧侣过着大地主的生活，俨然显贵一般。各宗派在阐述教义方面又多运用印度的思辨哲学，偏重烦琐章句的解释，曲高和寡，这些宗派都面临着脱离群众的危机。慧能创立的禅宗则不同，主张不立文字，教外别传，直指人心，见性成佛，禅定的坐禅修持方式也比其他各宗甚至比净土宗的都更为简单。因此获得广大劳苦民众的信仰，同时也满足了统治阶级的愿望，因为明心见性则有可能"放下屠刀，立地成佛"，得到极便捷的解脱。而禅宗却又是讲求哲理的，其哲理的主旨在于超然物外，不重具体外象而重内在精神，把大千世界的纷纭高度抽象化为此时此地的悟性，颇有些老庄的意味，很适合中国知识分子的胃口。知识界乐于接受，形成谈禅理、悟禅机的风尚。到宋代，禅宗压倒其他各宗而大为兴盛，对当时的理学、文学、绘画都有很大的影响。宋以后，禅宗已成为完全汉化了的佛教并吸收其他各宗的教义，其本身又分成许多宗派，即所谓"五家七宗"。南宋时禅宗在江南尤为流行，江南一带的禅宗"五山十刹"成了全国最著名的佛寺和佛教文化中心。

日本僧人荣西是最早入宋求取禅法的一位高僧，1191年归国后开始弘扬禅宗教义。禅宗的简易修持方法很能适应于文化较低的武士阶层的要求，而它的抑压人性，使人心如木石的极端克己主义的特点又确实符合武士的心理状态，有利于塑造"士为知己者死"的性格，因此，幕府也很重视。禅宗佛教在幕府政权的支持下，逐渐取代净土宗在日本广为流布起来，历数百年而不衰。全国各地大量兴建禅宗寺院，确立了"禅宗七堂伽蓝"的寺院建筑制度。仿效中国做法，定出禅寺的"五山十刹"。许多著名的禅寺都是在幕府将军的庇护和资助下创立的，这些寺院的住持亦由幕府任免。

当时的禅寺通过贸易关系大量购进宋代的艺术品和工艺品；禅宗僧侣效法宋代禅僧都努力提高自己的文化素养，他们精研汉学，长于诗文、书法和绘画。禅僧之中出了许多著名的文人、书法家、画家。他们除了宗教活动之外，还以文会友，进行广泛的社会联系，领一代艺坛之风骚。"五山文学"就是由禅僧的文学活动而启其端。水墨山水画在日本的兴盛固然渊源于宋元文人写意画的传入，但与禅僧的倡导也有直接关系。相国寺的禅僧如拙及其弟子周文师法马远、夏圭，开创周文一派的画风。他们的门人雪舟等男、小粟宗湛、能阿弥等都成为室町时期水墨画坛的巨擘。寺院园林也像这些艺术门类一样，接受禅宗思想的浸润而形成禅宗风格的园林 —— 禅宗园林，并且逐渐取净土园林而代之。禅僧中也涌现出不少的造园家，日本的禅僧造园犹如中国的文人造园。

京都的西芳寺庭园和天龙寺龟山殿庭园是早期禅宗园林的两个代表作，由禅僧梦窗疏石设计。梦窗疏石不仅是一位高僧，被时人尊为"梦窗国师"，也是一位出色的造园家、文人、茶人，他对日本茶道的创立曾做出过积极的贡献。他认为爱好园林的人有两种，一种人专为搜求奇石异木好像收藏金银珠宝一样，他们爱的是尘俗之珍，醉翁之意不在园林之美；另一种人则像白居易、苏东坡那样，乃是天性淡泊，以泉石养心的人，他们虽混迹于尘俗之中却能超然于物象之外，方足以领悟园林之三昧。梦窗的这种见解在一定程度上

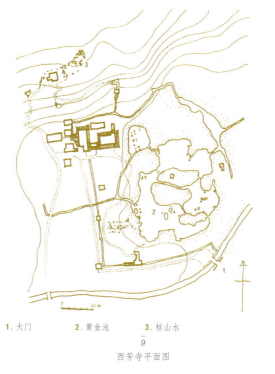

1. 大门　　　**2.** 黄金池　　　**3.** 枯山水

$\frac{9}{}$

西芳寺平面图

也反映了当时禅僧的园林观。

西芳寺庭园包括上、下两部分，建成于1339年。下部在平坦地段，以水池为主体，尚保留着后期净土庭园的形式。梦窗的意图也在于摹拟西方净土，故名之曰"黄金池"。水池纯属观赏性的，不泛舟。池中置石为岛，跨扁形微拱的平桥——邀月桥。环池林木翁郁，建筑物除佛殿、舍利殿、方丈之外，还有湘南亭、潭北亭、合同船。舍利殿为两层楼阁，下层名琉璃殿，上层名无缝塔，湘南潭北意指中国的洞庭湖。水池及建筑的命名及其布局是摹拟《碧岩录》一书所载唐肃宗与耽源禅师问答故事的场景。1469年"应仁之乱"（京都发生的一次军队暴乱）期间，这些建筑物全部毁于兵火。现存的建筑是以后改建的，已非原貌（图9）。上部在坡地上，包括指东庵及其前的石景。石景由三个石组构成，这就是日本现存最早的"枯山水"实物。枯山水又叫作"乾山水""唐山水"，初见于《作庭记》，意思是在没有水源的情况下通过石组来摹拟创作的园林山水。像西芳寺这样的枯山水作为园林的一个局部，一般称之为"前期枯山水"。

天龙寺本来是皇家的郊外御苑，梦窗国师劝说将军足利尊于1339年将它改建为禅寺并亲自为之设计龟山殿庭园。这个庭园背倚龟山，水池名"曹源池"，池中既没有中岛，也没有拱桥。沿岸散植灌木、乔木，以一组瀑布石景（泷石组）、一组平桥石景（桥石组）和若干组枯山水石景作为重点的点缀。庭园整体显示恬淡洗练的自然美，石景的设计表现了梦窗高超的艺术水平，堪称前期枯山水的杰作（图10、图11）。如果说，西芳寺尚多少保持着净土庭园的余绪，那么，这个龟山殿庭园则已具备禅宗园林风格的雏形。

大权旁落的天皇以及失势的贵族们心境悒郁，终日无所事事，只好寻求一些闲情逸致作为精神的寄托。他们都有很高的汉文化素养，除了诗酒风流之外，也像中国文人那样讲求园林艺术的赏心乐事。平安时期的旧苑已多倾圮，又经过"应仁之乱"后几乎全部化为焦土。把有限的一点财力用在重建旧苑和兴建新园上面，自然只能循着节约朴实的路子，同时也顺应时代潮流参悟于禅宗园林风格去刻意经营了。皇室、贵族醉心此道，武家和以商人为首的新兴平民阶层亦纷纷效仿。将军足利尊的御所二条高仓殿庭园即以其恬

——
10

龟山殿庭园前之瀑布石景

——
11

龟山殿庭园的枯山水

淡简远的山林泉石之美而受到梦窗国师赋诗赞赏："蓬瀛胜概聚营中，石峤流洞兴不穷。好个优游嬉戏处，曹溪正脉自流通。"京都既如此，其他地方亦望而景从。于是，禅宗园林风格遂超出寺院的范围，遍及民间和宫廷乃至全国各地。

禅宗园林风格的成熟期则是在书院造庭园出现以后。

室町时期，寝殿造建筑已逐渐消失，代之而兴起的是完全日本意味的书院造建筑。这种建筑直接来源于日本民居，但它的设计意匠也受到禅宗思想的启迪。书院造大概最先用作为禅寺内的方丈建筑即住持的居室，尔后，邸宅和宫廷也普遍采用。书院有简单的个体建筑，也有极复杂的庞大建筑群。前者多为寺院的方丈（图12），后者则是皇室的宫殿和武家的御所，例如著名的京都二条城二之丸书院。

书院造建筑已完全摆脱对称格律的束缚，呈绝对自由灵活之布局。内部空间可分可合，流通、模糊、不定型。内

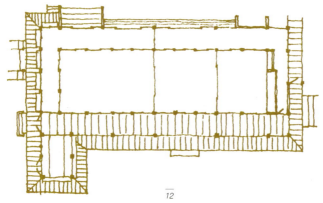

12

醍醐寺三宝院表书院平面图

部空间与外部庭院空间之间通过宽敞的檐廊的过渡，呈现一种亲和的而非排斥的关系。室内光线柔和，宽敞的廊檐、糊纸的障子仿佛把外光都过滤了，净化了，使得室内充满宁静而朦胧的气氛。木材构件都显示本色，绝少髹饰，甚至保持其自然扭曲的状态。这些都是从日本民间建筑提炼出来的，也看得出禅宗思想影响的痕迹。这种建筑是禅僧修持、参禅、冥思的理想场所，因而书院造的方丈建筑便成为禅宗寺院的"七堂"之一。寺院住持的禅僧，一般都有很高的文化素养。他们在朴素、通透、空灵的书院内吟诵禅诗，悬挂起水墨山水卷轴画，同时也在檐廊的前面 —— 相当于寝殿造庭园的那块神圣的露地 —— 营造禅宗风格的、有如立体水墨山水画的庭园。山水画、书院、庭园三者珠联璧合，这就形成了书院造庭园。

庭园面积压缩，由早先的"园"转化为"庭"。庭园与建筑的联系极为密切，两者在空间上互相渗透、延伸。小面积的庭园内容极简约，以沙代水，以石代山。往往是一组或若干组的石景，白沙或绿苔铺地，配植少量的乔灌木，此外即别无他物。人不能进入庭园，只可从旁观赏犹如大型盆景。这就是作为独立园林的枯山水 —— 后期枯山水。

以石景为园林创作的主要内容的后期枯山水，标志着日本的造园艺术升华到了一个更高的境界。禅僧造园家都擅长于枯山水的设计，社会上因此而称他们为"石立僧"。京都的大德寺大仙院庭园和龙安寺庭园是两个最著名的书院造

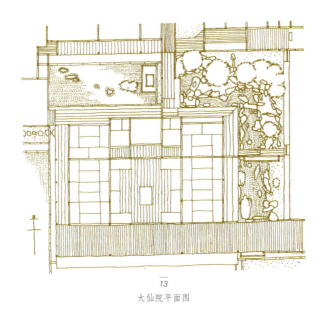

13

大仙院平面图

庭园，它们分别代表着后期枯山水的两种典型样式。

大德寺创建于1319年。大仙院是其中的一个方丈院，建于1513年，作为该寺住持、禅宗大师古岳宗亘的居所。这组建筑群包括正厅和书院，三个小庭园环绕在书院的周围。主要的一个自北面折而东呈曲尺形，面积仅一百平方米（图13）。主景为置石组成的横向连续展开的石景，其中的十二块形象较特殊的石头都有各自的名称（图14）。石景的背后衬以经过修剪扎结的两株松树和四株黄杨，地面满铺白沙作为水的象征，通体宛若一幅立体的写意水墨山水长卷画。东北角上的石组是庭园造景的重心和焦点，利用"不动石""观音石""桥石"等的配列而构成"枯泷"——没有水

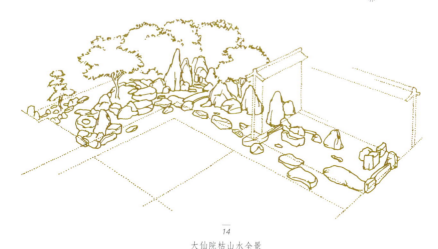

14

大仙院枯山水全景

的瀑布（图15），但却能够让人们想象出仿佛水从背后飞泻
而下再分为东、北两支流。北面的支流较短，流经悬岩而汇
于终端的深潭（图16）。东面的支流较长，以石组配合地面
的白沙表现水流湍急的态势，"明镜石"犹如中流砥柱；一
块条石形似堰堤，水至此处跌落成濑。过此则下游水势变
缓，漂浮着似船形的"长船石"（图17）。这咫尺庭园内的无
山之山、无水之水是实在的，因为人们于静观中领会到山水
之形和水流之音；但它又是虚幻的，因为眼前并不存在真正
的水环境。既实在又虚幻，这就是按照禅宗的自然观而创造
出来的园林意境。

　　石景的平面布置大体上按照直线与三角形相结合的规
律，立体构成则以三石一组为基本单元。无论石景的总体
或者局部的石组，都具有明确的主客之势、韵律之感的构图

15

大仙院枯山水之中段

16

大仙院枯山水之北段

17

大仙院枯山水之东段

美。而这些构图美同时又表现了宗教的种种象征寓意。譬如，达摩石为达摩面壁的象征，佛盘石寓意于佛说法的故事，枯泷石组象征彼岸世界，前面的桥石则寓意于心往彼岸世界的接引桥，等等。禅宗认为佛性存在于一切万有之中，所谓"屋上之山即法身，屋下之水即广舌"。室町时代的禅僧也最爱吟诵苏东坡"溪声便是长广舌，山色岂非清净身"一类的富于禅机的偈诗。那么，石的形象美、石组的构图美也可以是佛性的外现，无异于佛的法身了。况且，在当年视为神圣的露地上兴造庭园这个事实本身即意味着非仅作为林泉山石之鉴赏，尚包含一种宗教信仰的体现。

龙安寺是京都的一所著名禅寺，建于1488年（图18），它的方丈院庭园相传为禅僧造园家相阿弥的作品。1797年该寺遭回禄之灾，全部建筑均被焚毁。重建时把这个庭园的树木砍伐掉，范围也略为缩小而成为现在的情况（图19）。庭园东西长二十八米、南北宽十二米，面积三百三十六平方米，北面紧接书院的檐廊，其余三面围以粉垣。在这个长方形的平庭内简单之极，除了十五块石头和地面满铺的白沙之外别无他物。白沙扒作波纹形以象征海面上的波涛，十五块石头则摹拟海中的岛山。利用这极其简单的形象，幻化为浩瀚的万顷海洋景观。石头的体量、姿态、大小和配置方式都经过精心推敲，分为五组，每组两块到五块不等，自成一个完整的构图（图20、图21）。以东端的一组为主山，其余四组为客山呼应（图22），无论从哪个方位，选择任何角度都

18

龙安寺现状平面示意图

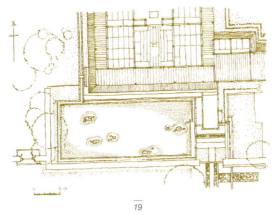

19

龙安寺方丈院庭园平面图

20

龙安寺方丈院

21

龙安寺方丈院枯山水石组之一

22

龙安寺方丈院枯山水石组之二

能够观赏到总体的完整均衡构图的画面。这个枯山水确实表现了极高的"抽象构成"的艺术水平，它的石组的配置，后人又有各种各样神话传说和宗教的附会，譬如：

"虎渡子"形。据《后汉书·刘琨传》，琨为弘农太守，政和民安，以至于境内的猛虎亦携其子渡海而避。母虎有三子，其中一子为恶虎，母虎负子渡海时必须防止此虎伤害其他二子。龙安寺庭园的石组布列即象征这个渡海的场景。

"云龙"形。西北角的三石一组为龙首及其二目，其余四组为龙身及龙尾，白沙则象征从龙的云雾。

"心字"形。五个石组排列呈汉字"心"的形状，寓意于禅宗的内发心源，以心为本。

"七五三"形。东面的两个石组相加共七块石头，中间的两组共五块，西北角上的一组为三块，构成七、五、三的总体配列。中国的阴阳五行学说重一、三、五、七、九之奇数而以九为最尊。据文献的记载，此庭园原来共仅有九块石头，则其置石亦与阴阳之说有关。九石配列乃是日本后期园林置石的主要模式，《筑山染指录》一书中载有此种置石的图谱。

"九山八海"形。佛经中所描写的圣山须弥山的外围一共有九重山、八重海环绕着，此即所谓

"九山八海"。龙安寺庭园的早期置石为九块而非
十五块，故也具有须弥山的象征寓意。

　　龙安寺方丈庭园表现了高度成熟的构图技巧、洗练概括
的象征性、大千世界的缩微、以少胜多的意境，因而被学界
公认为日本枯山水的最杰出的作品，在世界上也颇有名气。

　　京都圆通寺的方丈庭园也是一处有名的枯山水，面积
比龙安寺的稍大一些。四十五块石头按三行呈曲线状参差
排列，地面上以绿苔代替白沙，乃是京都著名的"苔园"之
一。一片茵绿如毡的苔藓衬托着亮白的石组，其间穿插栽植
少量的修剪过的黄杨灌木。周围用绿篱代替墙垣，间植高大
的乔木。这个以绿色为基调的枯山水另有一种不同于龙安寺
庭园的宁静、安谧、宜人的气氛，再加上远处的佛教名山比
睿山的借景，更增益了庭园的圣洁的宗教色彩。

　　枯山水除了上述两种典型式样之外，还有许许多多的
变体。如像以修剪成圆球形、扁球形、波形的黄杨灌木配合
石块或全部代替石块而创为植物型枯山水，以绿苔代替白
沙或配合白沙而构成地面上的绿白二色对比的抽象图像（图
23），仿效中国的八阵图以碎石在地面上拼砌为几何图案的
八阵图枯山水，等等，不胜枚举。

　　由池泉庭园衍化成为枯山水，反映了宗教上的禅宗信
仰取代净土宗的必然趋势。禅宗持超然物外的宏观态度，
"缩三万里于尺寸"，因而能够在极小的范围内运用极少的

$\overline{23}$
以绿苔代替白沙

造园要素幻化为高山大壑、万顷海洋的壮阔景观，把中国园林对大自然写意化的缩移摹拟的创作方法发展到了极致，也抽象到了极致。枯山水可赏而不可游，故十分讲求不同观赏角度的成景效果；要以有限空间扩大为无限景深，故很注重园外的借景，往往建筑、庭园、借景三者浑然一体。作为象征式的庭园，植物配置少而精，尤其讲究控制它的体量和姿态。因而出现修剪树叶和扎结枝干的方式，但又不同于欧洲古典园林的植物整形（Topiary），乃是经过人为的精心修饰而又不失其天成之趣，表现了人工意匠与植物本性的统一，这种方式发展成为以后日本园林植物造景的一大特色（图24）。石景是枯山水的主要内容，这也在一定程度上反映了日本民族传统的对石的崇拜。因而如何选择石头——选石，以及

—
24

植物修剪

如何摆布石头 —— 置石，就成了足以代表日本造园艺术的一种特殊技艺，犹如中国园林的叠石一样。

枯山水貌似简单而意境深远，以少胜多，耐人玩味，是一种富于哲理的艺术。枯山水能幻化万顷海洋，所谓"特地乾坤方外乐，平分风月幻仙瀛"，能作佛性之外现，为神话之寓意，示幽玄之禅机，是一种象征的艺术。枯山水能于无形之虚处得山水之真趣，虚多于实，以虚胜实，则又是一种讲究计白当黑的"虚"的艺术。总之，它是禅宗文化在造园艺术上的凝聚，开拓了日本园林的新领域，把日本造园艺术推向一个更高的水平。从室町时期起直到明治维新以后，枯山水庭园历久而不衰，普及于寺院、宫廷和邸宅，有的呈独立的园林格局，有的则为大型池泉庭园的有机组成部分。据日本学者重森三玲氏的调查，日本国内现存前期枯山水共七处，后期枯山水作为独立园林的共三百二十三处，依附于池泉庭园的大约七百处，足见其流被之广了。

茶　庭

茶庭是茶室的附属庭园，茶室则是举行茶道的专用建筑物。

茶庭的出现稍后于枯山水，两者同样受到禅宗思想的深刻影响，但茶庭的产生和发展则是直接渊源于茶道的兴起和盛行。

中唐以后，禅宗在中国得到迅速发展，禅宗修持强调以坐禅的方式来彻悟自己的心性。长时间的坐禅会使人产生疲倦和昏昏欲睡的感觉，茶这种兴奋剂饮来可以消除倦意，避免昏睡，所以禅宗寺院很讲究饮茶。到宋代，禅僧饮茶已经成为日常生活中不可或缺的一项内容，这在许多高僧的传记中曾屡次提到，例如："问如何是和尚家风？师曰饭后三碗茶"，"晨起洗手面，盥洗了吃茶，吃茶了佛前礼拜，归下去打睡了，起来洗手面，盥洗了吃茶，吃茶了东事西事，上堂吃饭了盥漱，盥漱了吃茶，吃茶了东事西事"（道原《景德传灯录》）。由于僧侣的饮茶习尚而逐渐形成寺院内有关饮茶的各种仪注，上等茶水供佛，中等茶水待客，下等茶水自用。禅寺僧侣平时坐禅的时间按焚香六炷计算，每焚完一炷香，值班和尚都要打茶，即提醒大家喝茶一次。为此，寺院专设茶头一员掌管烧煮各项茶水、献茶待客的事宜。禅宗寺院七堂之一的茶堂就是专为招待施主和四方宾客品尝香茗的地方。当时的许多禅寺都以烹制各具特色的寺院茶而闻名于世，许多禅僧都是烹茶与品茶的高手。南宋江南一带的禅寺经常举行由僧众、施主、香客参加的茶宴，进行品鉴各种茶叶质量的斗茶活动，还发明了把优质芽茶碾成粉末再用沸水冲泡调制的烹茶方法即所谓"点茶法"。

中国是茶的故乡，茶叶虽然早在汉末即已传入日本，但直到宋代随着佛教禅宗和禅僧饮茶习尚的传入，饮茶才在日本普遍流行。日僧荣西入南宋求取禅法的同时也从中国引进了寺院的饮茶方法和仪注。稍后，日僧圣一又将中国的斗茶活动和点茶法引进日本。从此，饮茶也成为日本禅宗寺院的习尚并且逐渐普及于社会各阶层。

室町初期，在宫廷和武家的上流社会开始斗茶的活动。举行这种活动的专用建筑物叫作"茶室"，专用的茶具均为豪华的唐样器皿，即金银器、象牙器、瓷器。室町末期，将军足利义政很喜欢此道，命茶人能阿弥本着"茶禅一味"即以禅宗思想为主导的宗旨来制定饮茶的仪注，把斗茶的原意改变为陶冶人的内在涵养精神、培养人们礼让谦恭的品德。茶室建筑务求简单朴素，所用茶具改为陶土烧造。这就是日本茶道的雏形。以后又经过桃山时期的著名茶人千利休的改革，茶道的宗旨更为明确，仪注更为完善，在宫廷和武家得到更大的推广。全国各地的富裕商人为了提高他们的社会地位，显示他们的教养，也纷纷效法，茶道在商人阶层中也普遍地流行开来。

千利休对茶道的改革主要有三方面：

一、制定出一整套烹茶、递茶、饮茶的程序和规矩，即所谓"四规七则"，要求人们互敬互让，心静神凝。

二、茶室采用乡间民居 —— 数寄屋的形式，面积不大，一般为四叠半、三叠、二叠，甚至只有一叠半的。入口分为贵人口和下人口。木材一律不施砍斫髹饰。屋顶为农家常用的草顶。故又叫作"草庵式茶室"。

三、在茶室的前面建置茶庭，作为附属园林，俾便于人们在进入茶室之前有一个收敛心神、培养情绪的缓冲地带。

江户时期，著名的造园家兼茶人小堀远州曾精心设计过许多茶庭，按照茶道的要求和参加者的心理状态把园林的规模、内容和布局大致确定下来。随着茶道的兴盛，茶庭也在宫廷、武家和社会上大量兴建，并且大体遵循小堀远州的模式而发展成为日本古典园林的一个主要类型。

茶庭不同于其他类型的园林。园内石景很少，仅有的几处置石亦多半为了实用的目的，如蹲踞洗手和坐憩等。整块石头打凿砌成的石水钵供客人净手和漱口之用，石灯则是夜间照明用具，同时也作为园内唯一的小品点缀。常绿树木沿着道路呈自由式的丛植或孤植，地面绝大部分为草地和苔藓。除了梅花之外不种植任何观赏花卉，为的是避免因锦绣色彩而干扰人们的宁静情绪。具有导向性的道路蜿蜒曲折地铺设在草地上，大多做成飞石路面，好像水上的汀步以取其自然之趣，间亦有做成敷石路面的。墙垣一律用竹篱。入口大门为木户（柴扉）。

茶庭的洗练简约的格调与其他园林一样，但更为突出的是闹中取静的山林隐逸气氛，仿佛隔绝尘俗的隐者之居。园林的布局完全依照茶道的仪注要求来安排。一般划分为外露地和内露地两部分，当中以中门隔开。大型茶庭则划分为外露地、中露地、内露地三部分，茶室建筑亦不止一处（图25）。客人从大门入园之后，在外等候廊下整衣敛容，把心情安定下来。然后循飞石或敷石道路进中门。主人在中门旁迎候客人，陪着客人一起沿道路步入内露地，在内等候廊下再度整衣换鞋。然后到石水钵旁用竹勺舀水净手和漱口，这并非真正的漱洗，而是按神道教和传统表示驱邪消灾之意。最后由贵人口进入茶室。园内有水井一口汲取净水供烹茶和漱洗之用。比较讲究的还在内、外露地之间用碎石和白沙铺成一条小溪的形状谓之"枯流"，跨溪架设石板平桥。有的还在茶室近旁建置小巧的厕所一间，谓之"雪隐"。

日本的茶道有好几个流派，它们的仪注不完全一样，因而茶庭的布局也略有不同。上面介绍的是最大的一个流派，即千利休嫡传利休茶的茶庭的情况，也是在日本流布最广的、典型的茶庭格式。

1. 园门	**4.** 枯流	**7.** 水井	**10.** 残雪亭
2. 外等候廊	**5.** 萱门	**8.** 内等候廊	**11.** 不审庵
3. 中门	**6.** 石水钵	**9.** 点雪堂	

$\overline{25}$

江户的表千家不审庵茶庭平面示意图

回游庭园

　　早期池泉庭园衍化为平安时期的净土庭园和寝殿造庭园两个变体，后者逐渐消失，前者则继续发展了很长的一段时间。镰仓、室町时期建造的京都西芳寺、金阁寺（图26）、银阁寺、三宝院等都是净土庭园的余绪，也可以视为由早期池泉庭园演变成后期池泉庭园的过渡期间的代表作品。

　　后期池泉庭园，即江户时期的回游庭园，是日本古典

26

京都金阁寺

园林中最晚出现的一个类型。这类园林绝大多数属皇室和幕府将军所有，它是摆脱宗教的束缚而兴起的江户时期的平民文化在造园艺术上的反映，也是日本造园历史一大转折的主要标志。回游庭园不同于早期池泉庭园的特点主要表现在五个方面：

一、占地面积比较大。以水池为中心，池中筑岛，这与早期池泉庭园并没有什么分别，所不同的是水池周围堆土为山，构成丘陵状的地貌。因此，园林不仅有海岛景观，而且有丘陵景观，再加上郁郁葱葱的密茂树木，创造出一个完整的自然生态环境的缩影。

二、环状的苑路贯穿全园，人们可循苑路回游，时而攀山跨谷，时而穿花渡水。由早先的定观为主变为以动观为主，园林造景亦相应地着重在羼入时间因素的四维空间，又受到当时流行的长卷山水画《大和绘卷物》的影响而讲究横向连续展开、步移景异的风景画面。

三、茶庭、书院造庭园作为园林总体相对独立的局部，形成大园含小园、园中有园的格局。回游式庭园已非单一的园林空间，而是多种空间的复合体。

四、园林建筑洗尽早期铅华，保持着禅宗简约朴素风格的一脉相承。建筑物的数量很少，布置疏朗，相对而言植物配置的比重极大，以植物造景为主。运用树木的整形姿态与天然姿态的搭配而构成丰富的空间层次，树木重季相色彩的变化，并配合水体和地表起伏而划分景区。

五、水体、石组的宗教、神话象征寓意已退居次要地位，甚至完全消失。仿效中国明清江南园林的做法，突出园内各个景点的特色并分别加以景题命名，其中绝大多数都是出自中国古代的诗文或典籍。江户时期的回游庭园仍然包含着类似书院造和净土庭园那样的宗教哲理，但在总体上则更多地显示其富于生活气氛的意境和畅情抒怀的赏心乐事，早先的园林宗教化的倾向由于平民文化的勃兴而逐渐转化为世俗化的倾向。

江户的六义园和后乐园是比较有代表性的两个武家回游庭园。六义园占地八点八公顷，德川幕府的第五代将军德川纲吉用了将近七年的时间于1702年建成（图27）。园内一共八十八处景点由回环的苑路联系起来，各有景题命名。其

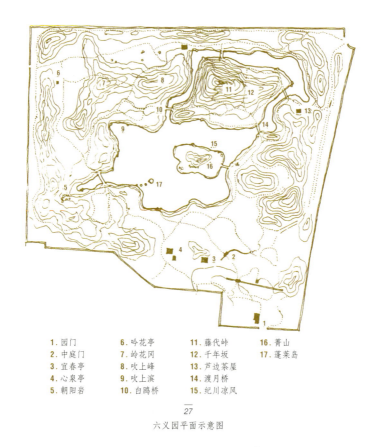

1. 园门	6. 吟花亭	11. 藤代峠	16. 菁山
2. 中庭门	7. 岭花冈	12. 千年坂	17. 蓬莱岛
3. 宜春亭	8. 吹上峰	13. 芦边茶屋	
4. 心泉亭	9. 吹上滨	14. 渡月桥	
5. 朝阳岩	10. 白鸥桥	15. 纪川凉风	

六义园平面示意图

中，宜春亭等四处为茶室及茶庭，渡月桥等六处为各式桥
梁，其余的七十八处都是山水植物的自然景观，它们的景题
命名能够点出该处景观的特色而且大多来源于中国的故实，
如玉藻矶、蓬莱岛、吹上滨、朝阳岩、符野梅、千年坂、岭
花冈、枕流洞等；园之命名为"六义"也是出典于《毛诗》
的六义即风、雅、颂、赋、比、兴。幕府延聘著名的文人柳
泽吉保主持园林的规划，建成后柳泽又亲自把园景绘成图卷

邀请当时公卿士夫加以题咏，成为传诵一时的《六义园十二境和歌》。诸如此类，都不难看出明清文人园林的影响。后乐园始建于1626年，是德川幕府第三代将军德川家光的别墅园。流亡日本的明朝遗臣朱舜水参与规划设计事宜，因而江南园林的意趣也就更多一些。园之命名为"后乐"亦出典于范仲淹《岳阳楼记》中的"先天下之忧而忧，后天下之乐而乐"之句。后乐园占地大约七公顷，规模与六义园差不多，内容亦大体相似。全园一共六十七处景点，景题命名大多数都与中国的诗文风景有关，甚至有直接缩移摹写中国名景的，如"小庐山""西湖堤"等。

京都的桂离宫是皇家回游庭园的代表作，也是日本现存的回游庭园中的最优秀的一个作品。1599年，智仁亲王收取桂川下游左岸原属近卫家族的一块领地建造本邸八条宫及园林。1620年在园内兴建桂茶屋作为举行茶道的地方，命园之名为"桂山庄"。1642年，智仁亲王之子智忠亲王在此举行婚礼，又增建若干殿宇、茶室建筑，扩充修整园林而成为今日之规模（图28）。智仁、智忠父子有很高的汉学造诣，长于诗文、绘画、琴棋、茶道，一如中国文人之在园林中追求诗情画意自是不言而喻。又相传小堀远州曾主持此园的扩建规划，可谓园主人与造园家在创作上的珠联璧合，园林所达到的高度艺术水平，与此不无关系。1883年，宫内厅接管桂山庄，改名"桂离宫"，至今仍为皇家园林。一草一木均加以精心保护，国内外的参观者必须事先经过宫内厅的批准。

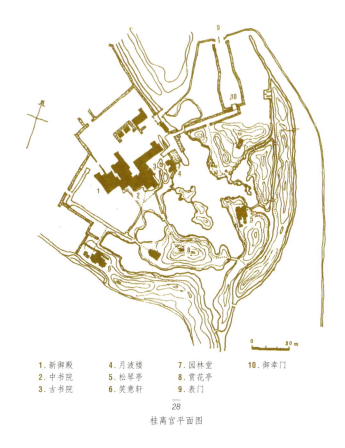

1.新御殿	4.月波楼	7.园林堂	10.御幸门
2.中书院	5.松琴亭	8.赏花亭	
3.古书院	6.笑意轩	9.表门	

28

桂离宫平面图

　　桂离宫位于桂川西岸，远处可眺望岚山之借景，面积
大约五点六公顷。水池占全园面积三分之一，池中大小五个
岛屿。水池之北面为平坦地段，其余三面聚土筑山呈丘陵之
起伏。回游苑路蜿蜒于其间的繁茂密林之中。大量天然姿态
的乔木衬托着修剪扎结的灌木所构成的植物造景加深了园林
空间的层次感（图29），配合着如茵的草地、绿苔，水体的
天光云影，半隐半显的建筑物，人们仿佛置身在一个经过精

—
29
桂离宫植物造景

心修整但又保持大自然原始生态的环境里面。这个环境比实际的似乎要大得多，真正做到"咫尺山林"的境界。

园内共有七处建筑物，包括御殿、书院、茶室、厅堂以及点景的小亭，均为极朴素的数寄屋、书院造的草庵式建筑。木构的拱桥桥面铺草泥（图30），平桥的石板不施斧斤。墙垣均为竹篱，大宫门及二宫门也是普通的柴扉形式（图31）。最大的一组建筑群御殿、中书院和古书院建置在平坦地段上，北面的入口通往二宫门（图32），南面呈曲尺形展开紧邻着鞠场、弓场和马场（图33）。这是一组典型的书院造建筑，其内部空间之灵活，外部形象之简洁，布局之自由舒展，许多西方的建筑大师参观后均叹为观止。格罗皮乌斯（W. Gropius）甚至认为，在这里可以看到现代建筑所追求的

30

桂离宫木拱桥之桥面

31

桂离宫二官门

—
32

桂离宫书院之入口

—
33

桂离宫书院之南面外观

34

桂离宫月观台

精神哲理的复现。古书院的东南端临湖设木构的平台 ——月观台，是观赏月夜湖景的地方（图34）。临湖的小型茶室月波楼取白居易《西湖诗》"月点波心一颗珠"之意，也是月夜品茗赏湖景的地方。

松琴亭位于池中长岛的尽端，三面临水，背倚小丘（图35）。从室内眺望湖面，框景的效果绝佳。附设茶室及茶庭，相当于一处园中之园。这里背风临池，夏日是清凉世界。室内有土法暖房设施，冬天可以围炉品茗。赏花亭建在池中另一岛上的制高部位。四面敞开的数寄屋茶室能俯瞰湖景、收摄园外借景。笑意轩是园内最大的一处茶室建筑，临水的驳岸不用自然风致的汀线（自然岸），而用料石砌筑为整形岸，

35
桂离宫松琴亭

　　这在日本古典园林中是比较少见的。此外，沿湖及池中的许多精美石景，各式苑路之步移景异，造型古朴的石灯，以岛屿布列而划分多层次之水域，以树木的精心配置而构成出色的植物造景……所有这些都使得桂离宫能够全面地体现日本园林艺术之精华，可谓集日本古典造园手法之大成。

　　修学院离宫的性质、规模大体上类似桂离宫，所不同的是后者为平地造园，前者则选址在京都郊外的山坡地段，从园内能够俯瞰京都平原，收摄群山借景。修学院离宫园内之景与园外借景浑然一体，是一处很出色的借景园。

江户园林

　　江户时期（1603—1868）的二百五十余年间，幕府采取锁国政策，社会安定，经济繁荣。江户初期，以桂离宫为代表的回游式庭园标志着日本后期古典造园艺术的高峰。由于商业资本主义发达，各地出现许多繁华的城下町。幕府依靠商人取得经济收益，商人的政治地位逐渐提高而居于农村地主之上。随着平民文化的勃兴，园林较之上代更为普及于民间。从室町时期开始，商人雅好茶道、兴造茶庭，到江户时期平民经营园林已形成风尚。以商人为主体的平民居住在大城市，大城市人口集中，用地紧张，又受到"四民制"的限制，平民造园，尤其是城市宅园，不可能像贵族、武家那样占用大片地段，只能在狭小的范围内经营。于是，便以茶庭为基础适当地吸收池泉庭园和枯山水的某些手法，逐渐形成平民宅园这个类型，原来具有实用性的水钵、石灯等也保留下来成为纯观赏性的园林小品。平民宅园、宫廷和武家的回游庭园，再加上从上代一脉相承的寺院庭园和枯山水，开创了江户时期造园活动空前兴旺的局面。在日本园林发展历史上，江户时期遂成为继平安时期以后的一个黄金时代。

　　这时候，由于造园活动突破宫廷、贵族、寺院的垄断而广泛普及于民间，在全国各地涌现出许多出身平民的造园家即所谓"山水河原者"，小堀远州便是其中最杰出的一人。江户中期以后，匠师们的造园实践经验逐渐积累，又总结为许多专门著作刊行于世，例如，《筑山庭造传前篇》（1735年刊行）、《筑山染指录》（1797年刊行）、《石组园生八重垣传》（1827年刊行）、《筑山庭造传后篇》（1828年刊行）、《嵯峨流庭古法秘传之书》（1846年刊行）等。

这些著作的理论来源于实践，对实践又起到了指导作用，其中的一个重要方面即园林模式化的阐发。所谓"模式化"就是把某些园林的形象归结为若干程式，把某些造园的手法归纳为若干套路，以利于园林的推广，适应于群众性造园活动的需要。

《筑山庭造传后篇》仿照书法艺术的真书、行书、草书三体，把小型平民宅园的形象归纳为"真之筑""草之筑""行之筑"三种程式，并载有它们的详细图谱。真之筑偏重于对自然风景的写实，草之筑偏重于写意，行之筑则介乎二者之间。

石景在日本园林中自古以来即占有极重要的地位，可以说"无园不石"。因而置石和选石也就成了造园的最主要、最有代表性的技艺，甚至有的学者认为日本的园林文化就是石的文化。

选石讲究石头的姿态、色彩、文理，忌讳单薄的、近似球形的、缺少变化或者变化过多的。《筑山庭造传前篇》把石的姿态归纳为五种标准形：灵相石、胴体石、心体石、

1　　　　　　2　　　　　　　3　　　　　　4　　　　　　5

1.灵相石　　3.心体石　　5.寄脚石
2.胴体石　　4.枝形石

——
36
五种石形图

枝形石、寄脚石（图36）；《山水并野形图》中的归纳更为细致，共计三十四种。也有以佛、道宗教的象征附会于石的姿态的，如法螺石、观音石、布袋石、神鞍石、伏虎石、沉香石、灵龟石、佛望石、坐禅石、达摩石、明镜石等等。总之，均以浑厚朴实、稳重者为贵，并不追求中国文人选石所标榜的漏、透、瘦、皱。埋石的方式有三种：立埋的谓之"纵景石"，卧埋的谓之"横景石"，斜埋的谓之"斜景石"。无论哪一种方式都保持上削底广的稳定感，大块石头的顶部都削平一点谓之"天端"。

置石是运用若干单块石头的成组配列，着重在它们的平面位置的排列组合以及它们之间在体形、大小、姿态等方面的构图呼应关系，这样的一组石头谓之"石组"。置石不同于中国园林的叠石，不采取用大量石头堆叠为假山的做法，因而也没有洞穴、磴道、挑、压、勾、搭等复杂险奇的结构。日本园林的石组千姿百态，造园匠师把它们归纳为四种程式：

一、"九石组"，即用九块石头配列构成。《筑山庭造传》以佛经中的"西方净土九品曼荼罗"来比拟九石一组的配列，当然是牵强附会的说法。但大多数则是通过揭示其空间及平面构图的规律以便形成实用的套路。例如：《筑山山水传》把最大的"主护石"，安置在后部作为石组的中心，它的左侧为"泷石"，右侧为"山石"；前面为"龟形石"，龟形石的左侧为"主人石"，右侧为"客人石"，前面为左、右二"神石"，再前为"礼拜石"，它们的体量大小均依次递减。《筑山染指录》以九块体量、造型、姿态各异的石头按照不同的排列方式，组合为完整构图的各种图谱（图37）。

二、"三尊石组"，即用三块石头配列构成。所谓"三尊"，即佛教的阿弥陀之尊、释迦之尊、药师之尊或不动三尊的附会，其实就是如何取得平面和立体上的稳定、均衡的三角构图关系。三尊石组乃是任何石组的基本单元，以三为基数足以变化无穷，因而也是置石技艺必须掌握的基本功。

三、"泷石组"，即用若干石头组合为泷（有水的瀑布）或枯泷（无水的瀑布）的形象。一般是当中为"水落石"，两侧为"泷添石"，下部为"水分石"，象征水落的则有"布

落"（大水量）、"离落"（小水量）、"系落"（滴水）三种方式。一段的泷石组最简单，二段、三段的较为复杂。

四、"桥石组"，即用天然条石结合桥墩石和桥头石而构成的跨越水面或溪流上的石组，有单跨、双跨，最多三跨。

石铺道路的两种做法亦归纳为若干程式：

一、飞石道路，即用大小不等的石块拉开间距散点铺筑，有直打、大曲、二连打、三连打、二三连、三四连、雁挂、千鸟挂等程式。（图38）

二、敷石道路，用条石和块石相间拼连铺筑，类似中国的"花街铺地"，有飞石寄敷、鳞敷、霰敷、玉石敷、短册寄敷（图39）、切石敷、水纹敷等程式。

随着园艺技术的发达，植物配置方面如像树种的姿态、色彩、疏密，季相的搭配，枝叶的修剪、扎结，苔藓、草地的铺设等都出现多种程式，见于有关园艺的专著《增补地锦抄》（1710年刊行）、《和汉三才图会》（1713年刊行）、《广益地锦抄》（1719年刊行）等书中。

江户中期以后，为了满足当时大量营造园林的需要而出现造园模式化的情况。模式化的好处是能够为造园艺术提供许多现成的语汇和章法，营造园林不必依赖专家亦能保证基本的格局，达到起码的要求，有利于园林的更广泛的普及。因此，民间的群众性造园活动空前兴盛，房前屋后哪怕咫尺之地亦必精心营园，形成日本人民普遍喜爱园林、鉴赏园林的好传统，这个传统一直持续到今天。但是，模式化毕竟在

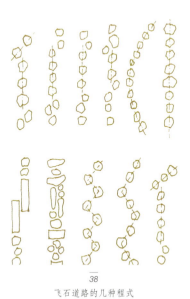

38

飞石道路的几种程式

39

短册寄敷道路

一定程度上束缚了造园艺术的创造性。当时，园林的规划设计主要由有技无艺的工匠来掌握，艺术质量降低，往往墨守成规，而且更多地牵强附会于宗教，以往的那种富于开拓进取精神的创造力逐渐消失。江户中期以后的造园活动虽然发达兴旺，但真正具有艺术价值的、创新的作品却是不多了。

以上简略地介绍了日本古典园林的发展过程以及几个主要园林类型的特点及其产生的历史背景。日本古典园林作为一个园林体系所独具的特征，也就是它的主要类型的特点的综合和概括，无需再做赘言。这里，仅扼要补充三点：

一、海岛的地貌、温和滋润的气候、茂密的天然植被、起伏的丘陵、丰沛的水量、千姿百态的海岸礁石所构成的优美的自然风景，是日本古典园林创作取之不尽的源泉。可以说，日本的风景式园林正是最集中地体现了这种细致精巧的岛国风光的情态，反映了日本人民对自己乡土景物的热爱。因此，经营园林着重在置石和水体的安排，突出多种形式的植物造景。自然景观始终占着园林的主要地位，相对来说，建筑的密度很小，布局疏朗。建筑物讲求内外空间的过渡处理，在用材的色彩和质感方面力求显示自然之本性，做到与自然环境的完全协调统一。

二、园林的自然景观所表现的高度抽象化乃是把源出于中国古典园林的写意创作方法再加以发展，结合于宗教哲理而创为意境的特殊内涵。园林虽然貌似简单，却能够透过直观而予人以多层次的艺术感受。园林作为审美的对象，陶冶性情似乎更重于赏心悦目。

三、重内在的含蓄甚于外露的辉煌，以深沉凝静来涵孕激越感情，寓波澜壮阔于散淡简远等方面，其深受禅宗的影响所构成的日本民族的独特审美观，在园林艺术中都得到全面的表现。而造园具体手法的形成，也正是由于这种审美观的主导。

这种审美观对于有关人们日常生活的一切使用物品提供了鉴赏的角度，也作为评价的标准。它意味着物品的制作方法简约，花八分的劳动能获得十分的使用价值，形象单纯却足以让人研究再三，观赏再三。它意味着物品处于未完成的状态但留有人们运用想象去做补充的余地，或者以一角表现全貌，言有尽而意无穷。它意味着物品要尊重材料的本性并保持一定程度的粗糙感，不把人工的精心设计显示无遗，等等。它作为工艺美的最高境界，也正是日本造园手法所遵循的原则。

19世纪中叶明治维新以后，日本成为资本主义国家，转向西方吸收先进的工业文明，西方文化潮水般涌入日本。一段时期内的全盘西化，所谓"洋风"的园林普遍兴建，主要是城市公园，也包括一部分私家园林和个别的皇家园林。但古典园林的脉络并未中断，寺院园林和大多数私家园林仍采用传统的形式。近二十年来，随着国民经济的腾飞和物质财富的积累而更重视精神文明的建设。一方面发展现代化的高科技、高速度和高效率；一方面又追求浓郁的传统乡土气息和人情味道，往往两者并存，谐调不悖。在这种情况下，人们更珍爱自己的园林艺术传统。在高度紧张、快节奏的工作之余，把鉴赏古典园林作为陶冶心性、增进内在涵养的手段，好像举行茶道、花道和各种民俗节日一样。同时，配合城市的园林化和国土的绿化规划建设，宅园、公共建筑的附属园林、公园、居住区和街道的园林绿化的创作都在不断地探索民族传统如何与现代生活和时代精神相结合，如何在结合点上加以深化和展开，不少新意迭出。日本园林艺术又显示其一贯的变异性，开始了另一次复合与变异的过程。

　　1985年春，笔者赴日本关西和关东的古典园林荟萃的地方参观访问，考察了许多著名的皇家园林、寺院园林、私家园林。归来后根据收集的资料和印象所得，参考日本学者的有关著作，写成此文。卑之无甚高论，仅仅是作为东亚汉文化圈内的一个中国人，对日本古典园林的一些简单的看法，一点粗浅的认识而已。

参考书籍：

斋藤英俊，《桂离宫·名宝日本之美术》第21卷，小学馆，东京1982年。

森蕴，《日本庭园史话》，日本放送出版协会，东京1981年。

吉川需，《枯山水之庭》，至文堂，东京1971年。

太田博太郎，《禅寺与石庭》，小学馆，东京1967年。

重森三玲，《枯山水》，河源书店，京都1973年。

出版说明

　　"大家艺述"多是一代大家的经典著作，在还属于手抄的著述年代里，每个字都是经过作者精琢细磨之后所拣选的。为尊重作者写作习惯和遣词风格、尊重语言文字自身发展流变的规律，为读者提供一个可靠的版本，"大家艺述"对于已经经典化的作品不进行现代汉语的规范化处理。

北京出版社

图书在版编目（CIP）数据

园林的意境 / 周维权著. —— 北京 : 北京出版社，
2025.5
　（大家艺述）
　ISBN 978-7-200-13492-6

　Ⅰ. ①园… Ⅱ. ①周… Ⅲ. ①古典园林－园林艺术－
研究－中国Ⅳ. ①TU 986.62

中国版本图书馆CIP数据核字（2017）第267046号

总　策　划：高立志　王忠波　　　策划编辑：王忠波
责任编辑：王忠波　秦　裕　　　责任营销：猫　娘
责任印制：燕雨萌　　　　　　　装帧设计：李　高

　·大家艺述·
　园林的意境
　YUANLIN DE YIJING

　周维权　著

出　　　版　北京出版集团
　　　　　　北京出版社
地　　　址　北京北三环中路6号
邮　　　编　100120
网　　　址　www.bph.com.cn
总　发　行　北京伦洋图书出版有限公司
印　　　刷　北京华联印刷有限公司
开　　　本　880毫米×1230毫米　1/32
印　　　张　10.125
字　　　数　190千字
版　　　次　2025年5月第1版
印　　　次　2025年5月第1次印刷
书　　　号　ISBN 978-7-200-13492-6
定　　　价　108.00元

如有印装质量问题，由本社负责调换
质量监督电话　010-58572393